执行力

[日] 小宫一庆 著
张慧 译

青岛出版集团 | 青岛出版社

ビジネスマンのための「実行力」養成講座
小宮一慶
BUSINESSMAN NO TAME NO "JIKKOURYOKU" YOUSEIKOUZA
Copyright © 2012 by Kazuyoshi Komiya
Original Japanese edition published by Discover 21, Inc., Tokyo, Japan
Simplified Chinese edition published by arrangement with Discover 21, Inc.
through Chengdu Teenyo Culture Communication Co.,Ltd.

山东省版权局著作权合同登记号　图字：15-2024-255 号

图书在版编目（CIP）数据

执行力 /（日）小宫一庆著；张慧译. -- 青岛：
青岛出版社, 2025. 7. -- ISBN 978-7-5736-3000-1
Ⅰ. B848.4-49
中国国家版本馆 CIP 数据核字第 20258YS536 号

书　　　名	ZHIXINGLI 执行力	
著　　　者	[日]小宫一庆	
译　　　者	张　慧	
出 版 发 行	青岛出版社	
社　　　址	青岛市崂山区海尔路 182 号（266061）	
本 社 网 址	http://www.qdpub.com	
邮 购 电 话	0532-68068091	
策　　　划	杨成舜	
责 任 编 辑	刘　迅	
封 面 设 计	光合时代	
照　　　排	青岛新华出版照排有限公司	
印　　　刷	青岛双星华信印刷有限公司	
出 版 日 期	2025 年 7 月第 1 版　2025 年 7 月第 1 次印刷	
开　　　本	32 开（880mm×1230mm）	
印　　　张	5.875	
字　　　数	83 千	
印　　　数	1-5000	
书　　　号	ISBN 978-7-5736-3000-1	
定　　　价	39.00 元	

编校印装质量服务

编校印装质量、盗版监督服务电话：4006532017　0532-68068050
本书建议陈列类别：心理自助　职场励志　经济管理

実行力

前言

① 如何打破笼罩日本的封闭感？

日本正被巨大的封闭感包围。

日本的名义GDP（国内生产总值）约为四百七十万亿日元，这一数字相比二十年前的名义GDP有所缩减。尽管人们常说，经济不景气是2008年美国金融危机爆发后多数发达国家普遍面临的问题，但当我们查看主要六十个国家近二十年GDP变化会发现，日本的名义GDP未见明显增长。相比之下，中国的相关经济数据增长相当可观，美国也有一定的增长。

名义GDP，也称为货币GDP，是指以生产物品和劳务的当年销售价格计算的全部最终产品的市场价值。它是按当年市场价格计算得出的GDP总量，不考虑物价变动的影响,它反映了整个社会创造的"附加价值"总和。在这些附加价值中,超过一半是通过工资形式分配给民众的,因此,可以说工资来自这些附加价值。换句话说,过去二十年间,日本民众的实际工资不仅没有增长,反而有减少的趋势。

当然,考虑到物价涨跌的影响,日本的实际GDP约为五百一十四万亿日元,比二十年前增加了约七十五万亿日元,这是因为物价在下降。虽然这可能被视为一种积极现象,但不可否认的是,长期的低通胀或通缩状态是导致日本经济停滞和社会闭塞的重要原因之一。

为什么日本的经济增长如此缓慢呢?目前尚不清楚是否存在特殊原因,但可以确定的是,日本国民已经逐渐习惯了这种增长停滞的状态,因此,对日本来说,摆脱这种封闭感变得尤为重要。

值得注意的是,尽管实际GDP在增加,但名义GDP却未随之增长,甚至呈现出下降趋势,这主要是受到通货紧缩的影响。从全球范围来看,在全球的主要经济体中,显然只有日本经历了显著的通货紧缩。

现在的日本,商品价格下降似乎已经成为一种常态。

例如,目前东京地铁票的起步价是一百六十日元①。这个价格已经很久没有变过了。1986年的地铁票起步价是一百四十日元,在泡沫经济时期,票价上涨了二十日元,但对当下的年轻人来说,从他们记事起,票价几乎就没变过。

在日本经济高速增长的时代,物价年年上涨似乎是理所当然的,许多媒体总是因此批评政府,但是现在回想起来,其实这些现象无关好坏,反而是社会充满生机的有力证明。

现在这种状态消失了。物价持续稳定,看似营造了一个宁静的社会环境,但如果一直是这种状态,日本该如何在国际社会中保持竞争力呢?我对此感到担忧。

当下,许多年轻人"宅在家里""躺平",我觉得,在日本,"躺平"似乎正在成为一种潮流,而且许多"躺平"的年轻人喜欢对一些事发表意见。我认为,

---

① 本书首次在日本出版的时间为2012年,全书相关引用数据,大都来自此时的相关数据报告。

这是日本社会"执行力"下降的一种表现。

给日本人带来危机感的,与其说是日本在国际上经济地位的下降,不如说是整个日本社会"执行力"的下降。这种危机感正是我写这本书的原因。

我不仅从日本社会整体情况中感受到了这种危机感,在担任经营顾问的过程中,我也发现许多公司员工的执行力在下降。我不知道是否只有我注意到了这一点。

毋庸置疑,人在行动的时候,生命力会更加旺盛,往往更能体会到生命的活力,并且可以获得幸福感。

而且,当你的行为能给周围的人带来令其满意的结果时,你的人生会随之改变,世界也会因你而改变,当然,你所在的公司也将因你而改变。

那么,我们的行动力从何而来呢?我们应该如何将行动力提升为获得成果的执行力呢?

这是我一直在思考的问题,也是本书探讨的核心主题。我认为提升执行力的关键在于"信念"。只要信念不灭,我们便能持续地采取行动,最终达成理想中的目标。

有人可能会质疑:"我们怎么可能一下子就拥有信念呢?"

我们无须对此担忧,并不是所有人一开始就有信念,我也不例外。

"信念"也是从日常的"行动"中产生的。"积极的观念"会变成"信念",无数个小"行动"会逐渐积累成强大的"执行力"。

在本书中,我将"能获得成果的行动力"定义为"执行力"。在我看来,只有获得成果,行动才有意义,否则一切都是徒劳。有了"成果",公司和社会才会改变,当然,你的人生也会改变。此外,持续产生这样的成果也是非常重要的。

为了提升执行力,我们需要做到以下三点:

a. 开始行动。
b. 持之以恒。
c. 获得成果。

在我看来,这就是真正的"执行力"。

我们只有去行动,才能明白很多事。有些知识是需要通过实践获得才能真正掌握的,仅凭理论学习是无法理解的。我们只有付出行动并获得成果,才能真正打开新世界的大门。

提升执行力不仅能改变个人的命运,也能改变公司和国家的命运。

在这本书中,我将具体阐述掌握"提升执行力"的方法,与此同时,我也会提供一些关于工作和生活的技巧,供读者参考。

② 一流人物和二流人物的细微差别

话说回来,我想说一个老生常谈的话题。你听说过西乡隆盛[①]吗?他不但推翻了日本的幕府统治,还实行了废藩置县。

事实上,提出废藩置县的另有其人,但最终执行这个政策的是西乡隆盛。

西乡隆盛是个淡泊名利的人。幕府倒台后,日本天皇夺回了政权。功成身退的西乡隆盛隐居鹿儿

[①] 西乡隆盛(1828—1877),日本江户时代末期的萨摩藩武士、军人、政治家。

岛。当时日本处于怎样的状态呢？虽然德川幕府倒台了，但旧藩的势力依然强大，如果放任不管，很有可能爆发反动革命。

为了避免这种潜在的动荡，当时的日本要建立以天皇为中心的中央集权国家，废藩置县迫在眉睫，但所有人都束手无策。紧急关头，西乡隆盛被召回。

这并不是一件容易的事，但几经波折，西乡隆盛成功说服了各藩接受这一变革，终于完成了这项任务。

以西乡隆盛为首的政客推翻了幕府的统治，这背后真正的原因是他们有萨摩、长州、土佐、肥前等四大强藩做后盾。西乡隆盛背后的老大是萨摩藩的藩主。

所谓废藩置县，就是告诉那些藩主："我们现在要剥夺你们的权利。"

各地的藩主已经拥有自己的领地，并且在与幕府的战争中获胜，现在却要他们同意"上交战争成果"。

这十分不容易，但是西乡隆盛做到了，他向各藩藩主游说后顺利推行了这一政策。

现在有人提议实行道州制①,这无须修改日本宪法,只须改变地方自治法,但实际上,没有人能真正推行这一政策。

日本现在的县②虽然不再是个人的领地,但同样涉及各种势力的既得利益,从某种意义上来说,其情况与西乡隆盛所处的年代没有太大的区别。而且,因为自上而下的改革更加错综复杂,所以我认为现在没有人能够完成这项任务。

不仅如此,比道州制改革更易推行的公务员制度改革等改革,也难以顺利进行。有时,你会发现,连许多公司内部的小改革都难以推行。

西乡隆盛还完成了一件大事,那就是推行征兵制。

当时这个提案也是别人提出的,但执行者是西乡隆盛。而且,推行征兵制比推行废藩置县还要困难。

---

① 日本关于道州制的议论始于1927年,目的是强化政府的行政统治力度,提高经济效率,当时田中义一内阁所设的行政制度审议会提出将日本全国分为六个州(即仙台、东京、名古屋、大阪、广岛、福冈六州)。
② 日本一级行政区,相当于中国的省级行政区。

一直以来,武士都是日本社会的特权阶级,武士之所以为武士,正是因为他们拥有武力。更何况,推翻幕府的正是武士,换句话说,推行征兵制意味着彻底剥夺了推翻幕府的盟友们的特权。

能够说服大家接受这种改革的只有西乡隆盛。这件事,只有无欲无求、重情重义且深受人们尊敬的西乡隆盛才能做到。

因此,尽管为了大局不得不剥夺武士们的特权,但西乡隆盛仍然充分理解那些本应高高在上的武士们,尤其是为倒幕作出巨大贡献的萨摩藩藩士们。他们的遗憾和不满深为西乡隆盛所理解。最终,西乡隆盛明知毫无胜算,却依旧以自己的生命下注,用西南战争[①]来消除这些不满情绪。

在日本历史上,西乡隆盛是一个了不起的人物。

要求现在的政治家、企业家具备西乡隆盛那样的执行力,或许有些苛刻。当然,我也没有那样的执行力。

---

① 发生于日本明治十年(1877年)二月至九月间,是明治维新期间平定鹿儿岛士族反政府叛乱的一次著名战役。因为鹿儿岛地处日本西南,故称之为"西南战争"。西南战争的结束,代表明治维新以来的倒幕派的正式终结。

如果普通的日本人能像西乡隆盛那样拥有坚定的信念，并且拥有主动"迈出一步"的行动力，那么日本现在的社会环境应该会有很大的变化。如果我们拥有强大的行动力，那么我们所在的公司以及我们自己的人生，都会有很大的变化。

在工作中，许多人会完成上司安排的任务，却往往不会做超出分内的工作。在生活中也是如此，许多人虽然嘴上说得好听，但就是不愿意"迈出一步"。这样的氛围在整个日本社会蔓延开来，将会进一步加剧日本社会的封闭感。其实，只要我们拥有"迈出一步"的行动力，很多想法都是可以实现的。

我们不需要做惊天动地的大事，每个人、每家公司，只需要向前"迈出一步"就行。

我经常说，"**自我实现**"就是"**成为最好的自己**"。那么，怎样才能"迈出一步"，"成为最好的自己"呢？

其答案是"养成行动的习惯"。

我认为，**行动力是一种节奏**。

只要我们踏准了这个节奏，就能不断地积累"正确的努力"，最终获得成果。

具体来说，"迈出一步"是指什么呢？比如，只要我们发现街边有慈善募捐活动，就走过去进行捐款。简单来说，就是在犹豫不决的时候选择去做，这就是"迈出一步"。

首先，我们要采取一些"小行动"，然后，不断重复这些"小行动"，持续做下去，这就是在培养我们的行动力。

如果不采取行动，就不会有结果。无论是学习还是工作，只要"迈出一步"，踏实地去做，你就一定会得到回报。如果你坚持做下去，那么你一定会进入学习或工作的下一个阶段。所谓一流的人物，就是能"迈出一步"的人。

因工作和受邀参加电视节目的录制，我常有机会接触各种各样的文化人、艺人、企业家。他们之中既有一流人物，也有几乎不上电视的普通文化人、普通艺人、经营的公司倒闭了的企业家。我发现，乍看之下，**一流的人物与二流的人物其实差别并没有那么大。**

为什么这么说呢？

其实，一流的人物与二流的人物做的事情都是类似的，但是他们之间有一个小小的差距。

二流的人物之所以无法成为一流的人物，正是因为他们无法弥补这个小小的差距。

二流的人物无法通过正确的努力去弥补这种差距。我们之中的许多人也是这样。

"看似相同的事情"和"相同的事情"是不一样的。

虽然一流的人物与二流的人物之间的差距很小，但社会对他们的评价和他们做事的结果却有巨大的差距。我希望大家能通过提升自己的执行力来弥补这种差距。这最终会使我们成为一流的人物，进而推动社会进步。

中国典籍中有一篇名为《大学》的散文。

"大学之道，在明明德。"这篇散文的开头广为人知，其中有一节是"修身齐家治国平天下"。

所谓"修身"，即提升个人道德修养与品格。在日本，"修身"一词已成为道德教育的代名词。

"齐家"，即治理家族事务，使其和谐有序。

"治国"，即治理诸侯封地，实现地方安定。而此处所指的"国"，我们也可以将其视为国家、地区、社区或公司。

"平天下"是"实现天下太平"的意思。

这些话的意思是,不断提升个人道德修养与品格的人,能让家庭、地区甚至国家和谐有序,最终实现天下太平。

我们可以通过不断积累小的行动,促使个人进步,使自己的家庭和谐有序,使社会安宁稳定,进而推动整个国家发展进步。

一切都是相互联系的。

③ "good是great的敌人"

good是great的敌人。(优秀是卓越的敌人。)

在我的其他著作里,我也经常提到这句在吉姆·柯林斯所著的《从优秀到卓越》一书中出现过的话。

日本确实可以算得上是一个good(优秀)的国家,但如果只安于good的现状,就永远无法变得great(卓越)。不仅如此,如果安于现状,日本可能会不再优秀,并陷入越来越窘迫的境地。这就是日本的现状。

我认为,这也适用于许多公司。恕我直言,对个人来说,也是这样的。

如果我们想让自己保持优秀,甚至成为卓越的人,那么我们还需要"迈出一步",采取行动。

如果每个人都能养成这样的习惯,那么整个国家也会变得卓越,现在已经不是普通人等待救世英雄出现的时代了。

虽然我们不必总是考虑国家大事,但为了**实现自我提升,实现自己的人生价值,我们要有"迈出一步"的行动力。这最终会提高我们所在的公司的业绩,并改变社会风气。**

实际上,成功的企业家也是这样做的。

我很敬重的能村义广在旭化成[①]的生活产品分社担任社长一职,他负责管理保鲜膜等日用品的生产部门。此外,他还出任旭化成总部的常务董事,以及旭化成分社(旭化成生活和客厅)的社长。

在我看来,这位先生非常了不起。他虽然身居常务董事和社长之职,却常常亲自站在超市门口推销保鲜膜等商品,而且总是以一身武士的装扮亮相。

---

① 成立于1931年,是日本的一家化工企业。

他身着和服外褂、裤裙,梳着发髻,在日本各地的超市门口巡回推销产品。

当时,他的公司年销售额早已突破六百亿日元大关,但他为何不顾下属反对,坚持亲自在超市门口售卖仅售二百日元的保鲜膜呢?因为他深知,这一行为本身对促销和宣传所带来的效益,可能高达数十亿日元。

一般而言,无论在小城镇还是大都市,普通超市内很少有如此装扮的销售员,他仅凭独特的造型就能吸引人们的目光。而且,他是一家大公司的社长,地方报纸及电视新闻一定会争相报道此事,这对当地的代理店和超市而言,无疑也是难得的曝光机会。

如今,他已退休。在担任社长的那些年里,他每年年初都会在办公桌旁贴上一张日本地图,并随着自己推销的足迹所至,将地图上的一个个地区逐一涂上特别的颜色,记录下自己的奋斗历程。

试想一下,如果一个中年人打扮成武士的样子,在某家超市门口卖保鲜膜,恐怕会有上小学的孩子跑过来问他:"叔叔,你在拍电影吗?"一般人真的很难像他那样推销产品。

我和他打过一次高尔夫球,当时,他将一大包保鲜膜和密封袋带到了高尔夫球场,并将其分送给球童。

他是公司的领导者,他这么做,可能会被认为理所当然。如果普通员工如此热爱自己公司的产品,努力推广,思考如何提升销量,那么他对公司产品的这种热爱就是相当可贵的了。愿意"迈出一步"的人,与每天得过且过,只想如何让自己轻松一点儿的人相比,谁更有可能成功,谁能更接近"最好的自己",答案不言而喻。

能村先生曾在旭化成的著名企业家宫崎辉手下工作多年,他可能是在那时提升了行动力,学到了"迈出一步"的精神。

当然,我并没有要求各位穿着奇装异服去推销产品。我只想说,你应该对自己的工作和公司多一些思考,并将思考的结果付诸行动。如果你有自己独特的想法,不妨"迈出一步",实际去尝试一下,仅此一举,可能就会给你个人和公司带来很大的变化。

必须要做的事,我相信大多数人都会去做,尽管也有少数人连这些必须要做的事也不愿意做。

事实上，有些事即使不做也能过得去，做了可能也不会有很大的不同，但**正是这些你实际去做了的事，真正地改变了你的人生。**

正如我在前文中说过的那样，很多事只有尝试去做了才会真正地明白，不去尝试着做一下，是想象不到结果的。

以我自己为例，写书不是我必须要做的事。如果它妨碍了我作为经营管理顾问的主业，那么我做这件事的代价就太大了。然而，正是因为我"迈出一步"，写了书，而且这些书成了畅销书，所以我才看到了一个自己以前从未见过的新世界。

通过写博客和参与某些活动，我遇到了不同的人，我的商业机会也增加了，我周围许多人的工作和生活也因此发生了巨大的变化。

有时候，正是因为我们"迈出一步"，我们的人生才更加精彩。

④ 不能盲目行动

虽然我一直强调"迈出一步"的重要性,但我需要在这里提醒大家,并不是所有的事都可以盲目地去做。

在做某件事之前,你需要考虑以下两点:

首先,你要了解你要做的事的风险程度。

例如,有些人可能因对现有工作不满而选择跳槽或创业,尽管类似的成功案例屡见不鲜,但也有人因此陷入困境。同样,在完成公司的项目时,有些团队虽然设定了不切实际的目标,却能奇迹般达成;有些团队虽然设立了合理的目标,却没能达成,最终只能解散。

所有的行动都伴随着不同程度的风险。

不考虑风险而去做有风险的事,这不是"敢于冒险",而是纯粹的鲁莽。这样做事是很难成功的。

不过也常有这样的情况:有些事明明没有风险或风险很小,有些人却不经考量就退缩,不敢去做。然而,恰恰是这些人,有时会突然去做一些毫无胜算的事。

无论如何,在行动之前,我们一定要考虑我们要做的事的风险有多大,失败时我们能承受的"风险下限"在哪里。

另外,我们要尽可能弄清楚做某事成功的概率以及成功的方法。

关于这一点,我会在后文中详细说明,供大家参考。松下幸之助①说过:"如果我们对完成某件事有六成的把握,那么这件事就值得我们一试。"

也就是说,对要做的事,我们需要先有一定的把握,然后再去做。如果我们对做成某事的把握只有三四成,那么我们最好不要去做。

判断是否应该采取行动的另一个依据是"动机"。

在这方面,稻盛和夫②在其演讲中经常提到我们在做事之前要思考的两个问题:

---

① 松下幸之助(1894—1989),二十世纪日本的实业家、发明家,日本"松下"集团的创始人,创立了日本的"终身雇佣制""年功序列"等管理制度,被称为日本的"经营之神"。
② 稻盛和夫(1932—2022)日本著名实业家,先后创办京都陶瓷株式会社、日本第二电信等上市企业,2010年出任破产重组的日本航空公司董事长,一年时间创造了该公司史上空前的高额利润。

"我的动机是善意的吗？"

"我是否有私心呢？"

也就是说，在决定做某件事之前，我们需要问问自己：我做事的动机是否出于"善意"，是否有"私心"。

我们需要根据这两点来决定是否行动。

⑤ 什么可以将"行动力"转化为"执行力"？

如果做事的动机是善意的且没有私心，那么我们就应该行动起来。

我特别喜欢一句话：

Once done is half done.

这句话的意思是"一旦开始做，事情就完成了一半"。

不管怎样，先着手去做吧！

我在撰写这本关于"执行力"的书时，也有遇到困难的时候。在那样的时候，我会对自己说：

"Once done is half done."（一旦开始做，事情就完成了一半。）

有时，我们会犹豫要不要做某件事，在我看来，只要这件事的风险可控，我们就应该去做。那些别人建议我们去做的有价值的事，我们可以尝试去做。尝试去做之后，也许你会惊喜地发现，这件事并不难完成。

在做事之前，营造一个易于开始工作的环境也十分重要。

观察那些工作效率低的人，你会发现他们在开始工作之前的准备时间往往很长，因此，我们需要营造一个好的工作环境。

例如，如果你想用电脑打字，那么在上一项工作完成后，你可以预先打开电脑的文档，把资料整理好，放在显眼的位置，这样就可以创造出一个"易于开始工作的环境"了。保持工作桌的桌面整洁也同样重要。

总之，我们需要创造一个"易于开始工作"的环境，并培养自己立即开始工作的好习惯。

只要稍微思考一下，我们就会发现，虽然"一旦开始做,事情就完成了一半",但事情也只是完成了一半。开始可能意味着完成了一半的工作,但无论如何,还有一半的工作要做。换句话说,我们必须继续做下去,直到工作全部完成。

要将"行动力"与本书的主题"执行力"联系起来,就必须**"坚持""正确的努力"**。

"正确的努力"指的是采用恰当的方法去完成某件事。就算一个举重选手每天拼命练习足球,那他也不可能在举重比赛中获胜。我们需要针对目标进行恰当的努力。

那么,我们怎样才能做到"坚持"呢?

虽然每个人的情况各有不同,但"坚持"是"执行力"的关键,也是很多人都希望掌握的人生课题。想要拥有将行动变成能够获得成果的"执行力","坚持"是不可或缺的。

我将在本书中详细阐述拥有这些能力的技巧,在此,我想先告诉各位,"使命感"才是我们该追求的终极目标。

《孟子·公孙丑上》中有一句话:"夫志,气之帅也。"也就是说,想要实现某种目标的思想意志是我

们意气情感的主导。

人类行动的基础是思想。想法不坚定是没法坚定地完成某事的。我认为,最好的做法是基于"使命感"去做事,更准确地说,**我们是依靠基于使命感的"信念"去做事的。**

正是基于这种使命感,我写完了这本书。

如果各位能将这本书读到最后,我将感到无比荣幸。

目录

前言 ·· 001
 ①如何打破笼罩日本的封闭感？·············· 003
 ②一流人物和二流人物的细微差别·············· 008
 ③"good是great的敌人"······················· 015
 ④不能盲目行动······························ 020
 ⑤什么可以将"行动力"转化为"执行力"？··· 022

第一章 了解执行力的机制 ····················· 001
 1. 获得成果的步骤······························ 010
  ①明确目标——你的人生价值是什么？·············· 010
  ②思考"能得到的东西"和"会失去的东西"
   ——最坏情况下的风险和最好情况下的回报是否
   平衡？······························ 014
  ③思考达成目标的步骤，制作出详细的流程图

——你是否有逻辑地思考过要做的事?是否制作了待办事项的流程图?⋯⋯⋯⋯⋯⋯⋯⋯⋯⋯019
④评估资源,制订切实可行的计划表
　　——有时,果断放弃也是勇气的体现⋯⋯⋯⋯024
⑤付诸实践
　　——你是否过分执着于行不通的"方法"呢?027
⑥吸引他人参与,鼓励他人行动
　　——你真的相信自己的"价值"吗?⋯⋯⋯⋯029
⑦坚持不懈
　　——如何在要做的事中找到使命感?⋯⋯⋯⋯032
⑧养成坚持的习惯
　　——不轻言放弃并产生紧迫感⋯⋯⋯⋯⋯⋯⋯036
⑨执行PDCA循环
　　——有专人负责检查吗?⋯⋯⋯⋯⋯⋯⋯⋯⋯041
⑩进行最后的冲刺
　　——在有限的条件下,你是否已经尽了最大的努力?⋯⋯⋯⋯⋯⋯⋯⋯⋯⋯⋯⋯⋯⋯⋯044
⑪评价结果
　　——进展顺利的时候,你是否也会"反思"结果?⋯⋯⋯⋯⋯⋯⋯⋯⋯⋯⋯⋯⋯⋯⋯046
⑫朝着下一个目标前进⋯⋯⋯⋯⋯⋯⋯⋯⋯⋯050
总结　获得成果的十二个步骤⋯⋯⋯⋯⋯⋯⋯056

2. 培养执行力所需的基本心态············057
　①犹豫不决时选择去做············057
　②言出必行············059
　③掌控时间············061
　④保持良好的健康状态············062
总结　培养执行力所需的四种基本心态············064

第二章　养成提高执行力的习惯············065
1. 培养行动力的习惯············070
　①被叫到名字时要回应············070
　②记录新闻中的数字············072
　③立即回复邮件············073
　④乘坐早一班电车············074
　⑤尊称客户为"先生/女士"············075
　⑥对别人说"您走好""您回来了"等问候语···075
　⑦在公司里，主动与遇到困难的客户交流············076
　⑧坚持运动············078
总结　培养行动力的八个习惯············079
　⑨慷慨大方············080
　⑩送礼············081
　⑪写信和寄明信片············082
　⑫谦让与分享············083

⑬大声说出"谢谢" ·············· 084
⑭不收出租车司机找回的零钱 ·············· 084
⑮善待周围的人 ·············· 087
⑯关心他人 ·············· 087

总结　招人喜欢的八种行为 ·············· 089

2. 养成将行动转化为成果的习惯 ·············· 090

①把书读到最后一页 ·············· 090
②先试着写下来，然后把写好的东西给别人看… 091
③用数字思考问题 ·············· 092
④尽快结束通话 ·············· 093
⑤按时结束会议 ·············· 094
⑥在会议上作出具体决策 ·············· 096
⑦在会议上，让参会者确认且接受会议作出的决议，并继续跟进会议的后续工作 ·············· 097
⑧检查进度 ·············· 099
⑨避免在网络和电视上浪费太多时间 ·············· 099
⑩多花时间来创造有价值的内容 ·············· 100
⑪打扫卫生 ·············· 104
⑫早起 ·············· 104
⑬表扬团队成员 ·············· 105

总结　养成将行动转化为成果的十三个习惯 ·············· 108

3. 养成保持成果的习惯 ······ 109
①持续努力，提升实力 ······ 109
②写日记 ······ 111
③每天在固定的时间做固定的事 ······ 112
④有信念和志向 ······ 115
⑤挑战新事物 ······ 115
⑥做志愿者或进行小额捐款 ······ 120

总结　养成保持成果的六个习惯 ······ 123

4. 为幸福生活而采取的行动 ······ 124
①出去旅行 ······ 125
②注意饮食 ······ 127
③保证睡眠充足 ······ 129
④储蓄 ······ 129
⑤适当投资 ······ 131

总结　为幸福生活而采取的五个行动 ······ 132

5. 为了"迈出一步" ······ 133
①风险制造者和风险规避者 ······ 133
②积累小小的成功体验 ······ 135
③要让世界朝着更好的方向发展 ······ 137
④积"德" ······ 139

后　记 ······ 141

第一章

了解执行力的机制

首先,我想明确一点:**"执行力"是指能够获得"成果"的"行动"**。

正如本书前言中所述,那些不经思考便盲目行动、完全忽视所做的事对他人影响的人,我们不能将其称为"有执行力的人"。

"执行力"的实施可以细分为以下三个核心步骤(具体内容将在后续章节详细阐述):

a. 开始行动。

b. 持之以恒。

c. 获得成果。

不过,这里所说的"成果"是指能够赢得周围的人正面评价的结果。而个人自我感觉良好的结果不能称为"成果",因为这样的结果对周围的人、公司和社会都没有什么益处,不会带来任何积极的改变,在某些情况下,它还可能产生负面影响。

许多人像我在前文中提到的那样,在"开始行动"之前会花费大量时间。"Once done is half done."(一旦开始做,事情就完成了一半。)

一位企业家曾说:

"头脑可以怯懦,手却不能怯懦。"

如果我们只是思考而不行动,那么我们就会变得越来越怯懦。然而,我们行动起来后便会发现,很多事其实比我们想象的要简单得多,这就是所谓的"知难行易"。

接下来的课题是"持之以恒"。

关于这一点,我在前言的结尾处提到过,只要拥有"基于使命感的信念",就能将要做的事坚持下去。你可能会认为,我们必须拥有西乡隆盛那样的对社会巨大的使命感,其实不然。**首先,我们要有"想把工作做好"的念头,其次,我们要有"把工作做好"的决心。**

因为工作本身就是"为社会作贡献",我们只有给社会创造了价值,才能获得相应的回报。

换句话说,让我们的客户和周围的人满意本身就是非常重要的社会贡献,这就是"工作"。只要带着"把工作做好"的念头,努力完成工作,你自然而然会获得公司领导者和周围的人的认可;如果你所在的公司因此而获得来自社会的肯定,那么也就意味着你为社会作了贡献。如果你是个体经营者,那么你会直接收到来自社会的反馈和评价。

当然,作为努力的结果,经济上和精神上的富足也会随之而来。我是这样认为的。

内心明确了这一点,我们就能坚持下去。

反过来说,如果你觉得难以坚持下去,大概是因为你没有搞清楚自己现在做的工作究竟有什么社会价值,或是你没找到做这份工作真正的意义。因此,工作的受益者最好是你自己以外的人或者社会。换句话说,如果你的目的只是出人头地,这当然没有问题,然而在这种情况下,除非很自私,否则你很难坚持下去。

利己的目的不仅难以成为"正确的信念",而且要完成一项工作,或多或少都需要他人协助——这一点我稍后也会提及。只想谋一己之利的人想必很难获得他人的帮助吧。

要想坚持做某事,你就需要获得他人的肯定或者获得一定的成果。你不妨抱着试一试的心态,先行动起来。只要动机和方法正确,不断地行动,你就一定能收获一份小的成功,这将会成为持之以恒的驱动力。

一旦开始行动,请你务必坚持下去,直到获得成就感。即使你只收获了来自他人的一声赞美,那也是成功的体现。总之,在没有完全成功之前,请一定要坚持住。在这个过程中,我们的内心也会不断得到锤炼。

提升行动力的秘诀如下:

首先,从能获得成功体验感的小事做起。

一旦获得了哪怕一点儿的成功体验,想要再次成功的愿望就会变强。这实在是再好不过了。这能使我们持续采取行动,并强化坚持的能力。

从某种意义上来说,"坚持"是培养出来的。为了获得成果,"坚持"也是必要的。

松下幸之助曾说过:"做了一百次,失败了九十九次。这算是失败吗?"

他的意思是,只要第一百次成功了,就可以认为是成功了。

山中伸弥[①]在获得诺贝尔奖后,在接受记者采访时也说过:"以失败结束,便是失败;以成功结束,便是成功。"

如果无数次尝试做某事最终以失败告终,那就只能认为是失败了,只有做到了成功的那一步,才能算是成功。

这是事实。

我有一个朋友,他在一家大型外资金融机构工作,后来还成了那家机构的合伙人。现在,他独立经营着一家投资基金公司,他对待工作的认真且执着的态度,非一般人可比。

无论陷入怎样的困境,他都有一种"不管怎样都要做到底"的执着精神,绝不放弃。因此,那些被别人认为难以完成的交易,只要交到他手中,就一定能够顺利完成。支撑他这种执着精神的,并非对金钱的渴望,而是"要创立杰出企业"的坚定信念,还有

---

① 山中伸弥(1962—)京都大学教授,2012年获得诺贝尔生理或医学奖。

他积累的丰富成功经验。

接下来,我想探讨的是"获得成果"的过程。

常言道:"知足常乐。"这句话无疑是在提醒我们应当克制个人的私欲与物欲。在个人的物质追求方面,我们确实应当学会"知足"。

然而,在为社会作贡献、推动社会进步以及增强公司实力等方面,我们的努力与追求则不应局限于"知足"。

或许你会认为这是一个众所周知的道理,但现实情况往往并非如此。

有些人认为,即使未能实现自己所在公司部门的目标也无关紧要。还有些人认为,公司的发展已经达到极限,无须再做更多努力。然而,如果这种消极态度成为普遍现象,那么社会的整体发展将不可避免地受到阻碍。

不少人认为,工作上得过且过就行。然而,另一方面,他们却常想着"买那个""吃这个""想休长假",甚至想"某某去国外旅行了,我也想去"……物欲和烦恼不断滋生。

我想再次强调,我们在物质追求方面要懂得"知足"。但是,在自我成长和为社会作贡献等方面,我们应该不断追求,永远不满足于现状。

接下来,我将分步骤介绍"执行力"的培养过程。

1. 获得成果的步骤

① 明确目标——你的人生价值是什么？

要想获得成果，就必须了解获得成果需要经历哪些过程，并且一步步地走下去。

我们需要做的第一步是"明确目标"。目标不明确，就无法获得预期的成果，也无法描绘出实现目标的过程。

这似乎是理所当然的事情，但其重要性不容忽视。如果我们不能明确目标，我们可能会陷入一种困境，即缺乏成果、业绩不佳、幸福感缺失的困境。面对这样的困境，我们必须深思：我们应该如何摆脱这样的困境，找到前进的方向？

在这种情况下，有的人只是带着这样的茫然和不安，漫不经心地做着眼前的事，有的人则像是被什么东西驱使着一样,四处奔波,然后感叹:"为什么我明明很努力,却得不到应有的回报呢?"

归根结底,这是因为我们没有明确自己"想做什么""被要求做什么",我们不明白自己的目标是什么。

以公司的项目为例,我们需要思考:完成这个项目,我们能创造什么价值,能获得多少收益,能维护多少个客户,能签订多少份合同……如果项目的目标含糊不清,那么我们去做这个项目,不仅得不到预想中的成果,而且也无法长期坚持做下去。如果我们不了解某件事的意义,那么就很难坚持做下去。

人生规划也是如此。

就业、跳槽、创业、考试、取得资格证书、结婚……这些事本身都不是我们人生的最终目标。拥有自己的事业,拥有美满的家庭,让人生变得幸福,让自己在经济上和精神上都富足起来,我认为,这些才是我们的目标。

首先,我们要明确目标。

这是指在确定自己想做的事情之后,**清楚地认识到自己最渴望获得的东西是什么**。

虽然我在前文中说过,行动力是获得成果的关键,但明确"成果"是什么同样十分重要。

以跳槽为例,如果某人只是因为"不喜欢现在的工作而选择离职",那么他也许能逃离当前的工作环境,但离职后是否能过得更幸福,就不得而知了,在这种情况下,他下一份工作的工作环境可能同样使他想逃离。

无论是小事还是大事,道理都是一样的。如果某人所做的事与其人生目标不一致,那么他日后获得成功的可能性就很低。

你的人生目标是什么?这是一个关于价值观的问题,也就是说,它讨论的是"对你而言,幸福是什么"。

有些人认为,拥有大量财富就是幸福。有些人认为,从事有意义的工作就是幸福。有些人认为,拥有充裕的时间与家人相伴就是幸福。有人会因此而跳槽,或者在公司内部换岗,为了按时回家陪伴家人而特意换到可以按时下班的部门,尽管在这样的部门里工作不容易升职,而且工资较少,但他们却非常愿意这样做。总之,**无论做什么决定,我们都要先考**

虑对自己来说最重要的东西,我们要思考自己最终想得到的是什么,自己的目标是什么。我们要清楚,为了实现这一目标,自己必须做什么。

对一个普通人来说,最不幸的是他一直追求的东西并不是自己真正想要的东西,事后才幡然醒悟,后悔不已,或者,他同时追求的两样东西相互矛盾。

例如,某人明明想多和家人相处,却为了家人而拼命赚钱,结果失去了与家人相处的时光;或者,他一方面希望从事按时下班、责任较小的工作,另一方面又为没能升职而懊恼,忌妒那些升职的同事。

年轻人不一定要马上决定自己的人生目标是什么,但是,应该时不时想一想:我们怎样才能成为最好的自己?

上文围绕人生展开讨论,实际上,上述思维方式同样适用于我们的日常生活与工作。无论做什么事,如果我们缺乏明确的目标,那么就很难获得成果。

因此,我建议大家在日常生活中有意识地设定目标。

如果这个目标不仅对我们自己有益,还能惠及周围的人、团队乃至公司和社会,那么我们做这件事的使命感便会油然而生。

简而言之,模糊的思考往往难以引领我们找到充满意义且令人振奋的目标。

请务必详细而具体地勾勒出你的目标。

我很喜欢引用一句话:"没有人在散步时顺便登上富士山。"

② 思考"能得到的东西"和"会失去的东西"
——最坏情况下的风险和最好情况下的回报是否平衡?

我在本书的前言中提到了风险的问题,你必须考虑一下:你要做的事到底有多大的风险?这样做是有原因的。

其中一个原因:如果你觉得做这件事的风险太高,那么你做这件事的积极性就会受到影响。

另一个原因:你自己认为风险很低的事,经过第三方的客观评价后,你可能会意外地发现它的风险比你预想的风险高得多。

此外,你还需要考虑你做这件事能够得到的回

使命感

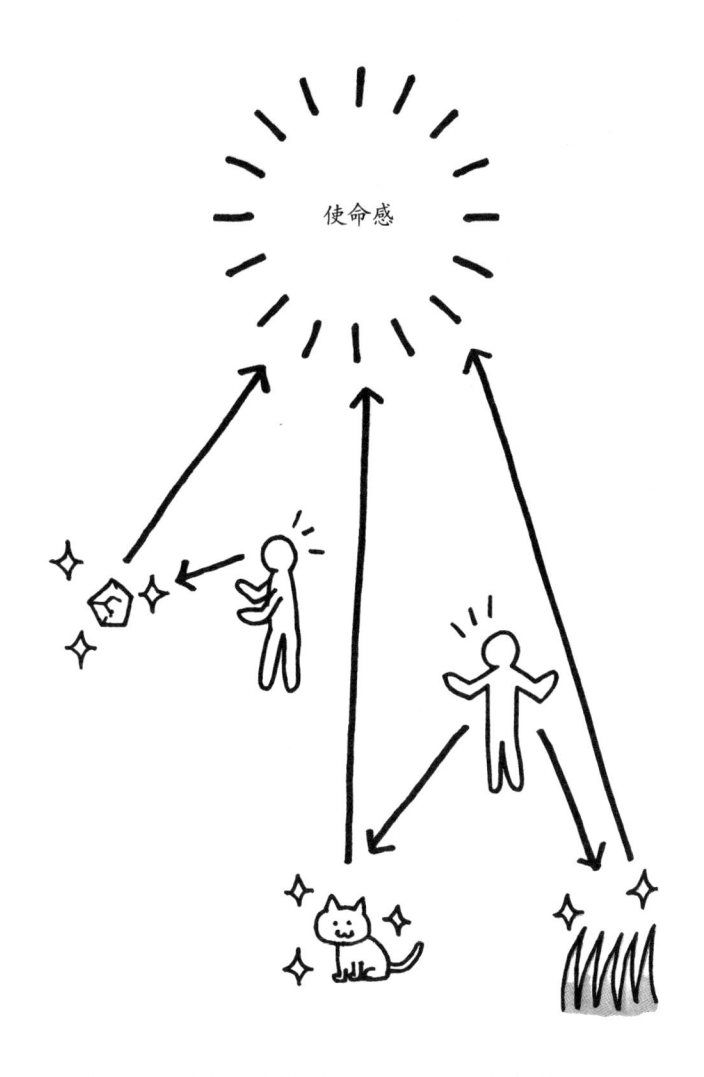

能发现工作的价值并将它放大的人，是优秀的人才。

报。这里的"回报"不仅指经济上的回报,也包括给你周围的人带来的精神价值。如果你做的事整体回报较大,那么你的积极性就会较高,你也容易坚持做下去。如果你做的事整体回报较小,那么你的积极性就会较低,你就会提不起干劲儿来去完成它。

我在前文中提到了"使命感"一词。你做某件事的使命感越强,这件事对你来说就越有意义,你也能从它的成果中获得较大的精神回报。

这种风险和回报的平衡,是让你去做这件事并坚持下去的动力源泉。

独立创业,拓展业务,购买房产,跳槽……这些事都是有风险的。晋升,接手新项目,接受项目委托……这些事也同样有风险。

任何一件你未曾尝试过的事,往往都伴随着一定的风险。

此时,对你来说,**最为关键的是要去了解最坏情况下的风险——下限风险(downside risk),以及最好情况下的回报——上限收益(upside return)**。

你可以将风险和回报置于内心天平之上进行权衡,并结合过去的案例与个人经验来推测其成功的

我们要考虑风险与回报的平衡。

可能性,这样,你可以更加精准地做出决策。

一般来说,我们最好不要去做高风险、低收益的事。对于高风险、高收益的事,如果其下限风险超出了你个人的承受范围,那么你就应该谨慎考虑是否参与。

对待风险和收益比例的态度,在很大程度上是由你的性格决定的,世界上既有愿意冒险的人,也有希望尽量不冒险、脚踏实地做事的人。

需要注意的是,**在进行风险评估时,人们往往容易受偏见的影响**。例如,人们在跳槽或投资时,很容易低估风险。在这种情况下,还是听听别人的意见比较好。我认为,所有类似的有风险的事,都需要进行风险分析。

具体来说,风险分析首先要列出做某件事的风险及其收益,并尽量用数值来表示它们,此外,还要考虑其概率问题。尽管将这些内容制作成流程图是一件简单的事,但如果你试着将流程图制作出来的话,你就能比想象中更客观地看待你要着手去做的事。

你要做的事,对你自己和你所在的公司来说越重要,你就越要反复确认和修改流程图。此外,你还可以让别人来帮你评估风险,以获得更客观的判断。

③ 思考达成目标的步骤,制作出详细的流程图——你是否有逻辑地思考过要做的事?是否制作了待办事项的流程图?

不管怎样,目标确定了,就去做吧!

既然决定要做了,那么我们接下来就要制订出一套流程,并切实地坚持到底,最终获得成果。

"有逻辑地思考"可以理解为"建立合理的流程"。这个流程越合理,你就越能接近自己想要的"成果"。而且,你越是相信这是一个合理的流程,你就越对自己有信心,你获得成果的可能性也就越高。

首先,我们需要有逻辑地思考:"通过什么样的流程才能达成目标?"

以跳槽为例,你可以阅读有公司招聘信息的杂志,浏览相关网站,联系中介公司,还可以跟猎头见面。在去一家公司应聘之前,你有必要调查一下这家公司,了解一下它所属行业的情况。

在必须执行的步骤和流程中，有许多事情是必须要做的。

这不仅适用于跳槽，也适用于执行其他个人目标和完成公司内部项目。

我们需要有逻辑地思考做某事的步骤，并将其落实到流程图上。

如果是第一次进行这样的规划，我们可以阅读有经验的人撰写的书，或者直接向有经验的人请教，从而在心中有逻辑地构建整个流程，并逐一明确每个步骤。

有一点值得注意，我们要确保自己能够接受这个计划，但不能固执己见。**从第三方的角度来看，这个计划也应该是合理的，这一点非常重要。**如果有人能够帮助我们修正计划，那么我们就可以弥补流程中的不足，从而提高获得成果的概率。

在处理大型项目、担任项目经理或是开始一项新事业时，明确规划流程是必不可少的步骤。

把流程写进"流程图"非常重要。前面提到的"风险与回报"也是如此。把它们写下来，我们可以更客观地审视自己的计划，别人也更容易帮我们验证

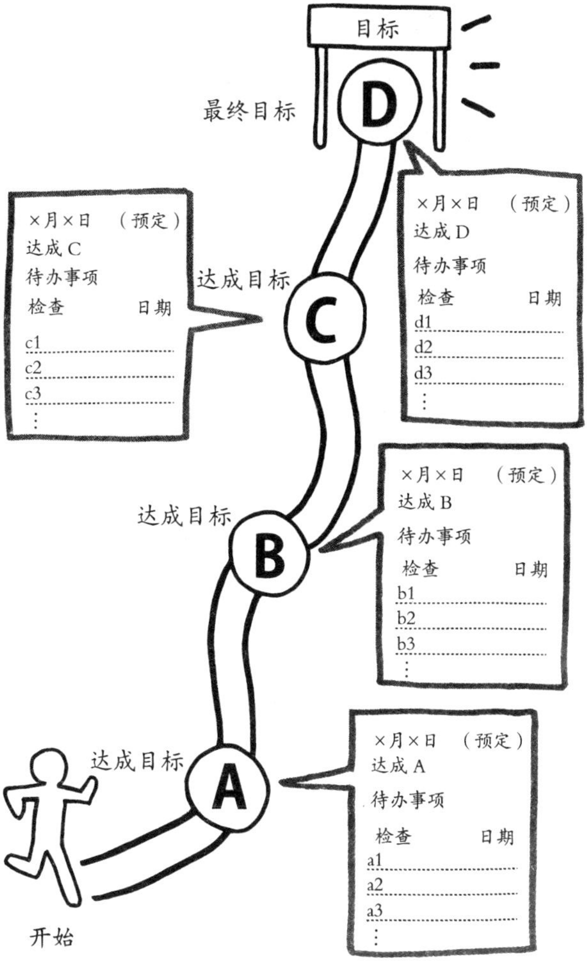

目标
最终目标
D
×月×日 （预定）
达成 D
待办事项
检查 日期
d1
d2
d3
达成目标
C
×月×日 （预定）
达成 C
待办事项
检查 日期
c1
c2
c3
达成目标
B
×月×日 （预定）
达成 B
待办事项
检查 日期
b1
b2
b3
达成目标
A
×月×日 （预定）
达成 A
待办事项
检查 日期
a1
a2
a3
开始

流程的合理性。另外,将流程图写下来还能帮助我们整理思路。

做事不顺利的人,大多是对做事的流程不清楚,他们总是漫无目的地做事,获得成果往往靠运气。当然,即使如此,他们有时也能侥幸成功,但那种成功不具备可复制性。

相反,总是能明确把握做事流程的人,可以在大多数情况下顺利地完成自己要做的事,并且取得预想中的成果。

因此,我们应该把自己达成目标的过程详细地写在"流程图"上,使之清晰明了,同时,进一步细化过程中的每个步骤(相当于"流程图"中的检查节点),明确任务列表。

A. 达成目标一——××××年×月×日(预定)
目标描述:为了实现目标一,需完成以下事项:
[具体事项1]
[具体事项2]
检查日期:××××年×月×日

B. 达成目标二——××××年×月×日(预定)

目标描述：为了实现目标二,需采取以下行动：

［具体事项1］

［具体事项2］

检查日期：××××年×月×日

C. 达成目标三——××××年×月×日(预定)

目标描述：为了实现目标三,需执行以下任务：

［具体事项1］

［具体事项2］

检查日期：××××年×月×日

D. 最终目标——××××年×月×日(预定)

目标描述：作为最终目标,需综合完成以下所有事项：

［汇总上述所有具体事项］

检查日期：××××年×月×日,并对所有前述目标的完成情况进行最终评估。

这就是**待办事项列表**。我们把要做的事写出来,可以避免遗漏。

在这里,设置截止日期是一个十分重要的环节。

如果不设置截止日期,那么我们就无法着手去做我们要做的事。如果你总是想"那件事什么时候都可以做",那么你就什么时候都不会做那件事。那些总是说"等我有钱了就给需要帮助的人捐款"的人,很有可能一辈子都不会捐款。

因此,**既然决定做某件事,就该确定在什么时间之前完成它**。

与此同时,我们还需大致设置每个小流程的完成日期,这就像我们在驾车去某地之前,要大致估算完成这趟行程所需的时间一样。

事后,我们需要逐一检查每个步骤和待办事项是否都已完成。这就是达成目标的基本方法。

④ 评估资源,制订切实可行的计划表
——有时,果断放弃也是勇气的体现

我们应将计划流程图分解为待办事项清单,设置每一项的完成日期,并制作成计划表,在这个过程中,我们要避免制订不切实际的计划表。

也就是说,我们在做出决定之前,要充分评估自

己或团队的能力,以及可以利用的资源。即使你是超人,有些事可能也做不到,更何况我们还要受到时间、金钱、物质等各种资源的限制。

如果我们没有准确评估这些因素就制订计划,那么我们的计划最终很可能失败。如果计划脱离了现实,那么我们可能连执行的动力都没有。完成计划并不像想象中那么简单,我们很容易高估自己或团队的能力。

也许你会想:虽然我现在无法完成这件事,但只要我有信心,认真努力,我迟早会完成它。

有时,我们总是容易过度相信自己的能力。

以打高尔夫球为例,第一杆打到这里,第二杆打到那里,第三杆……在正式开始打球之前,大家都会预想整个过程。但像我这样不擅长打高尔夫球的人,往往会不经意按照高手的水平来预想自己打球的过程。

我总是幻想:"这样的球,我应该能打出来吧!"但事实上,优秀的高尔夫球选手能稳定地打出好球,而我却打不出来。我只是去回忆脑海中仅存的偶尔成功的记忆,并没有考虑自己击中球的概率。

我们需要客观地了解自己所拥有的时间、人力和财力等资源，并且根据以往的实际成果，思考如何让这些资源最大程度地发挥作用。

在做事的过程中，如果我们发现自身的能力不够，就应该提升自身的能力。如果我们发现团队的人手不足，我们就必须设法增加人员。

如果我们的资源和能力有限，就有必要调整计划，重新设计流程图，改变原有的目标。有时候，放弃也很重要。

也就是说，我们要将工作流程进行细致的分解，制订具体的计划，并且要让计划与自己或团队的能力相匹配。

在客观地认清自身之后，我们应全力以赴地去完成我们要做的事。有时候，不充分利用现有的资源就无法达成目标。

虽然我们无法超越自己能力的极限，但我们可以全力以赴地去完成我们要完成的事。

因此，"使命感"和"干劲儿"，以及我们做事的前提——我们是否找到了**应该做的事的"意义"**，就显得尤为重要。

⑤ 付诸实践
——你是否过分执着于行不通的"方法"呢？

我们要做的事终于到了按步骤执行计划的阶段。

正如前文所述，"一旦开始做，事情就完成了一半"。总之，让我们先开始行动吧！

然而，如果开始执行计划之后发现"不对劲儿"，那么我们就应该及时调整计划。许多人往往容易过分坚持使用自己最初选择的方法，但实际上，方法只是实现最终目标的手段，过分坚持某种方法而忽略要实现的目标，其实是本末倒置。**为了实现目标，我们使用的方法可以随时变换。**

当然，在需要大量资金、所需资源不足且风险极高的情况下，我们要谨慎考虑是否应该改变做事的方法。如果我们面临的情况并非如此，那么我们则应该为了实现最终目标，不断探索并调整我们所使用的做事方法。

勇于改变也是执行力的一个重要方面。

在应对个人事务时，我们的做事方法可以随机应变。如果你是公司的领导者，在你对自己团队中的下属说"按照这样的方法去做"之后，又让下属改变原有的做事方法，那么你可能会担心下属的积极性受到影响，或者担心自身形象受损，因此，在需要改变团队做事方法的时候，你可能会犹豫不决。

在现实中，越是重大的项目，越是可能无法顺利地进行。在大多数情况下，我们都是在不断克服困难中前进的。"朝令夕改"虽然可能在团队中引起波动，但作为领导者的你应该认识到，**你的职责在于确保实现最终目标，而非仅仅执行既定计划。**

作为项目负责人的你需要始终牢记你的"目标是什么"，并在项目刚开始时明确告知团队成员"适时调整计划和方法"的重要性，以防他们无意中将方法与目标混为一谈。

只要能实现既定目标，别说"朝令夕改"，即使是"朝令朝改"也未尝不可。**我们应当牢记"君子豹变"的道理，在必要时迅速而果断地做出改变。**

⑥ 吸引他人参与，鼓励他人行动
——你真的相信自己的"价值"吗？

无论是在公司中工作的人，还是个体经营者、自由职业者，只要你目前还不能完全自给自足地生活，那么你就一定会与他人一起进行某种形式的合作。也就是说，要实现目标，在某个阶段吸引他人参与、激励他人行动，对你来说十分重要。

那么，人们会在什么时候采取行动呢？

虽然获得金钱、取得地位等各种动机可以驱动人们行动，但归根结底，"共同追求最终目标"是最大的驱动力。

因此，将自己所做的事赋予更大的价值，将公司的使命和自己人生的使命联系起来，赋予更大的意义，是非常重要的。

而且，你作为团队的领导者，为了让团队成员能够做到这一点，必须明确地将团队成员的"共同目标与价值观"传达给下属。只有让他们了解这些，他们才能真正行动起来。

领导者必须将"使命感"和"做事的意义"等观念传达给下属。

那么,我们该如何有效传达这些观念呢？有一点是明确的:**道理虽然重要,但情感才是激发行动的真正驱动力。**

道理可以通过指导传授,但情感则需要通过真诚沟通来"传递"。因此,要想吸引他人参与你要做的事,领导者不仅需要具备"指导"的能力,还要掌握"传递"的艺术。

那么,怎样"传递"呢？首先,你要传递的东西一定是你自己相信的东西。你只有传递自己相信的东西,别人才会相信并接受。因此,你要相信自己的最终目标是有意义的,也就是说,你要有"信念"。如果身为领导者的你,自己都不相信某件事是有意义的,那么你的下属怎么可能相信这件事是有意义的呢？

你的信念不仅能驱动自己,也会驱动别人。

此外,领导者想要调动周围的人的积极性,还有一件重要的事,那就是领导者要以身作则。

如果身为领导者的你不能以身作则,那么下属是不会信任你并跟随你的。

在军队中,领导者的命令有可能会决定部下的生死,从某种意义上来说,军队是一个高度组织化的集体。那么,军队中的领导者是如何接受领导力教育的呢?

据说,在日本的军队里,许多人在成为长官之前,都会先就读防卫大学。在那里,最初的训练是以三十人为单位进行的行军训练。他们每个人需要扛着约三十千克重的装备,步行一整天,有时甚至要连续走两天一夜。

在训练时,长官会指定一名学员担任领导者,其他学员担任部下。每隔几个小时,作为领导者的学员会发出"休息"等指令。如果在部下坐下之前,领导者先坐下了,那么随行的长官会走过来狠狠地训斥他:"在部下坐下之前,长官怎么能先坐下?"

扛着三十千克重的装备走了几个小时后,学员们自然会感到口渴,想喝水。如果领导者自己先喝了水,长官又会过来训斥他:"你怎么能喝部下的水呢?"

虽然他喝的是自己水壶里的水,但当部下的水不够喝时，领导者不能独自把水喝完，因为他水壶里的水也算是"部下的水"。

军队通过这种方式来培养领导者：首先记住身体的感受，然后再通过上课来学习领导力。许多事，如果不亲身体验，是很难理解的。

尽管这些具体做法可能不适用于普通的公司，但其核心理念仍然是"领导者必须以身作则"。

领导者必须以身作则，通过自己的行为树立榜样，从而带动周围的人。

反过来，如果领导者自己不相信某件事的价值，那么他可能很难以身作则。

从这个角度来看，领导力意味着拥有坚定的信念并付诸行动。

在某种意义上，这也可以被视为一种"觉悟"。

⑦ 坚持不懈
——如何在要做的事中找到使命感？

正如前文所述，一旦开始做，事情就完成了一半。虽然一旦开始做就相当于完成了某件事的一半，但也只是完成了一半,另一半还没完成。在获得成果之前,必须持续努力,否则"执行"就是空谈。

因此,在演讲时,经常有人问我:"我应该怎样做才能将某件事坚持做下去呢?"

实际上,除了被强制去做的工作之外,大部分人都很难按照既定计划推进要做的事。

我自己是那种一旦决定要做某件事,就必须按计划将其做完的人。其实我不太理解那些无法执行计划的人,我想,他们大概觉得事情怎么发展都无所谓吧。

无论是在工作和学习中,还是在生活中,如果你要做的事是你真正想做的事,那么即使没有人监督你,你也会去做。

有的人想学英语,精力却无法集中在英语学习上,反而玩起了游戏,说到底,玩游戏才是他们真正想做的事吧。

我们应该坚持做那些有价值的事,做那些能让自己变得更好的事,做那些让周围的人感到高兴的事,这些才是"我们要做的事"。因此,我们要有一个有价值的目标,并对它产生使命感,渴望实现它。

归根结底，还是要看你是否发现了"要做的事"的巨大价值。如果你找不到它的价值，就不会有想去做的欲望，反过来说，如果你觉得它没有价值的话，还不如不做。

但如果你要做的事是公司的项目，你就不能妄自断定它"没有价值"。因此，领导者必须向下属详细说明项目的价值，而下属本人也必须努力去发现它的价值。

有一点是可以肯定的，**优秀的人无须他人提醒，也能找到工作的价值，并将它与更大的价值——对公司的责任和自己人生的使命——联系起来。**

对公司的领导者来说，将工作交给能**赋予工作更大价值**的人去做，是非常重要的。

这种"赋予价值"的能力，在保持我们做事的动力并坚持下去方面，具有非常重要的意义。

那些自认为发现不了价值、找不到做某事的意义却喜欢批评的人，除了与自己的利益直接相关的事情之外，恐怕在任何事情中都找不到价值。这类人大都不会将集体和社会的价值纳入考量，对"有益于自己"的事的定义范围非常狭窄。

还有一种人，他们一开始能理解做某事的价值，干劲儿十足，但一遇到困难，就马上忘记了初衷。

如果你觉得，自己因喜欢而从事的工作或自己跳槽后的新工作无法继续做下去，那么，你首先需要做的是思考自己所做的事对自己、家人、同事、公司、客户和社会来说有什么意义，并以"做这件事的价值"为考虑问题的前提。

那些优秀且享受人生的人，都是善于赋予工作价值的人。

正因为如此，即使重复做相同的事情，他们也能从中发现新的价值，从而开发出新的商品，发掘出新的客户，拓展出新的业务。

这样做，对以自我为中心的人来说，可能比较困难。

要想赋予眼前的工作更大的价值，我们就要从多角度出发，考虑公司的利益、客户的利益、社会的利益。以自我为中心的思考很难赋予工作更大的价值。

即使做同一件事，根据赋予的意义不同，其结果也会不同。

例如，同样是做搬砖、砌砖的工作，有的人认为这只是为了赚钱而做的平凡工作，有的人认为这是为社会作贡献。

最终，我们要找到自己正在做的事的社会价值，并对它抱有使命感。这对我们坚持下去并获得成果来说，是十分重要的。

⑧ 养成坚持的习惯
——不轻言放弃并产生紧迫感

我在前文中说过，要想将某事坚持做下去，就要从自己所做的事中找到价值。与此同时，也要从"坚持"这件事本身中找到价值，这一点很重要。

换句话说，我们要相信"积少成多"的过程本身就是有价值的，并且**相信不断努力必将会得到我们想要的成果**。拥有这种"信念"同样至关重要。

我在自己的演讲中经常提到这样一个例子："一张复印纸的厚度只有零点一毫米，但一千张复印纸摞起来，就变成了一捆又厚又重的复印纸。"

即使只做一点点，只要我们坚持做下去，一定会有收获。然而,大多数人都很难坚持做一件事,因此,只要我们能坚持,就能得到与别人不同的成果。在这个过程中的每一个阶段,你都能获得小小的成功。

即使你之前没有这样的体验,现在也请你试着挑战一下,坚持做某件事,获得一些小成果。

你可以尝试在十天内读完一本稍有难度的书,或者每天走一公里,坚持一个月。完成计划后,你一定会发现自己的变化。

总之,只要你坚持做一些小事,哪怕只是得到些许让自己变得更好的经验,日积月累,你一定能发现坚持的价值。

当你真正感受到坚持的价值,并且将其变成习惯时,你就能够达成那些一直想要达成的重要目标。

坚持做某事是有技巧的。

坚持做某事的技巧之一:**在固定的时间、固定的地点做一件事。**

例如,我几乎每天早上都会在公司更新自己的社交网站动态,每天晚上睡觉前都会阅读松下幸之助的书并更新博客。

我的妻子是一位全职主妇,她每天晚上都会收听英语新闻,经过多年的坚持,不知不觉中,她已经能听懂相当一部分英语新闻的内容了。还有些人将韩语课本放在厕所里,每天早晨利用大约五分钟的时间进行学习,一年下来,他们也能用韩语进行简单的对话了。

我的一位客户白手起家创立了自己的公司,后来这家公司还成功上市了。

他的公司刚起步时,连资金周转都有些困难,然而他从那时候起,每天早上起床时和晚上洗澡时,都会想象自己在几千名员工面前讲话的样子,以及银行经理向他行礼的场景,并将这种想象当作日常练习。

经过多年的坚持,无论是早上还是晚上,他都一直在做这件事,现在他的公司已经成长为一家拥有九千名员工的上市公司了。当然,银行经理也经常向他低头行礼。因此,坚持做某事有一个技巧:在固定的时间、固定的地点,坚持不懈地努力做一件事,哪怕只做一点点也好。

坚持做某事的技巧之二:**不要放弃,要有坚韧不拔的精神。**

我们做事的方法可以"朝令夕改",也可以"朝令朝改",但我们的目标必须是在深思熟虑后决定的基于使命感的有价值且值得去做的事,因此,目标是不能轻易改变的。

我认为,我们需要用一种坚持不懈的执着精神来完成我们要做的事。

在前文中,我提到过我的一位朋友,他是一家大型外资金融机构的合伙人,现在从事投资基金的工作。他就是一个非常有毅力且非常执着的人。那些大家认为绝对不可能完成的企业并购项目,只要他一接手,就一定能完成。他会执着地坚持完成自己要做的事。

如果我没有每天坚持做自己应该做的事,我就会感到不安,在这一点上,他与我很相似。不知这是天生的性格,还是后天养成的性格,总之,我们都是不轻言放弃的人。我们都认为,"完成工作"本身就是一件很有价值的事,因此,我们愿意将我们要做的每一件事都做好。

假如我告诉他"请安排一个三十分钟的工作会议",他就会针对会议目的事先准备好自己应该提供的信息和要讨论的内容,然后来参加会议。

我在这里并不想说如何高效地利用时间,而是想说,哪怕会议的时长只有三十分钟,我们也要尽最大努力举办好这场会议。

说到这里,我想起了时间管理类图书中一定会出现的"紧急程度"和"重要程度"的四象限。

这类图书往往会指出:重要且紧急的事谁都会去做,而人们往往会被那些紧急但不重要的事所追赶,有时还会把时间浪费在既不重要又不紧急的事上,而忽视了坚持做那些重要但不紧急的事。然而,无论是在工作上,还是在生活中,成功的关键在于如何坚持做那些重要但不紧急的事。例如,有些人想学英语却很难坚持学下去,归根结底是因为这不是一件紧急的事,他们对此没有紧迫感。而从其他国家到日本工作的人(如艺人、相扑选手等),却能迅速掌握被认为很难学的日语。

由此可见,紧迫感可以促使我们完成任务。

在前文中,我说过,优秀的人往往能够自己发现工作的价值。如果说大多数人总是在遇到紧急的事时,也就是在有紧迫感时才能坚持做某事,那么**成功**

人士就是那些能发现做某件事的价值（即重要性），并且让自己产生完成这件事的紧迫感的人。当然，前提是他们找到了完成这件事的"意义"，并产生了必须去完成这件事的使命感。

⑨ 执行 PDCA 循环
——有专人负责检查吗？

接下来，我们再来谈谈技术性的话题。首先是 PDCA。

PDCA 包括 P（Plan，计划）、D（Do，执行）、C（Check，检查）、A（Action，为了缩小计划和现状之间的差距而采取的行动）。但是，PDCA 不能盲目地进行，它需要定期重复整个过程，这样才能避免误入歧途，高效地朝目标前进。

在许多公司中常见的情况是相关人员制订计划，尝试执行，但结果如何却无从得知。为了达成目标，我们必须定期检查计划的执行情况，了解计划与行动结果之间的差距有多大，并考虑我们需要做些什么才能弥补这一差距，并且进一步采取行动。

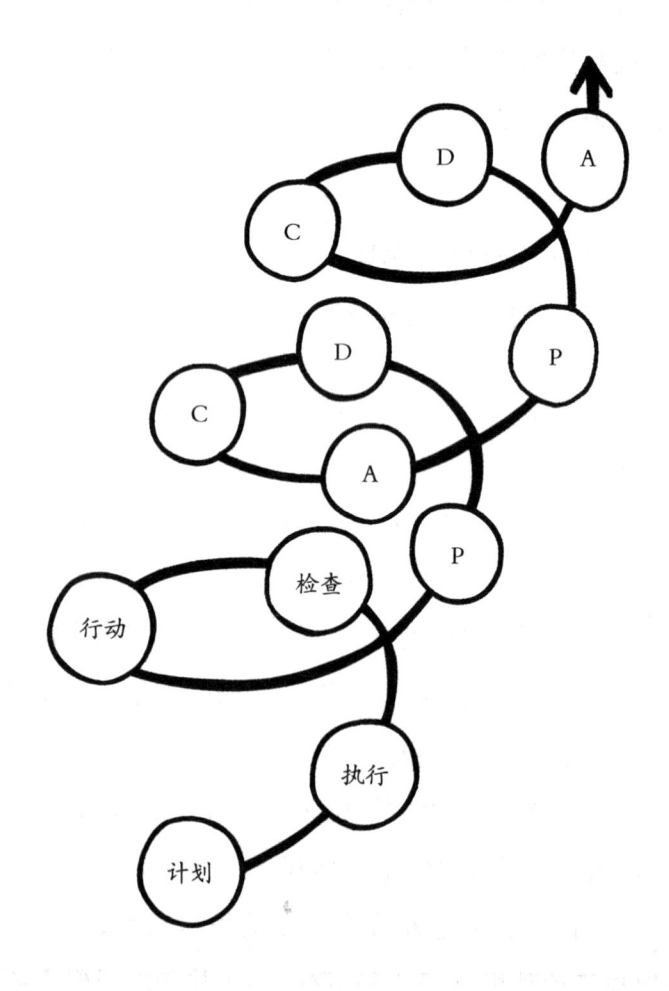

计划（P）→执行（D）→检查（C）→行动（A）

这种 PDCA 的定期循环是必不可少的。

这说起来很简单,但在现实中,很多人明明知道 PDCA（计划—执行—检查—行动）,却往往无法使其有效地执行。

有效执行 PDCA 的技巧之一:**尽可能频繁地、切实地检查。**

我曾经参与过一家公司持续数年的大型项目,这个项目最终获得了成功。**我发现它的一个显著的成功因素是将 PDCA 循环的频率从每月一次提升到了每周一次。**

此外,因为每周都进行检查,所以目标设定也按周进行,其评估方法也比之前更加直观易懂。

有效执行 PDCA 的技巧之二:**安排专人进行检查。**

这是我从一仓定[①]的书中学到的。

在许多公司里,每个人都有自己的行动计划,如果执行计划的情况不理想,那就是执行负责人的问题。由于这个负责人也承担了检查的职责,他们往往会使目标和评估标准变得模糊,以便在最终无法

---

① 日本著名经济顾问,被誉为"日本管理教父"。

明确评价结果时找借口推脱,或者拖延验证时间以掩盖问题。有时候,甚至可能不进行检查,最终导致整个项目陷入困境。

检查的工作应该由非执行负责人来进行。忽视检查的后果应由检查者承担。

在很多团队中,PDCA循环之所以未能很好地执行,很大程度上是因为忽略了检查环节的重要性。

⑩ 进行最后的冲刺
——在有限的条件下,你是否已经尽了最大的努力?

许多个人或团队往往因为在完成计划的最后关头松懈而失败。在运动场上也是如此,一直全力以赴奔跑的长跑运动员,在临近终点时松懈下来,导致被其他人超越,比赛失利。

无论我们在执行计划的过程中多么努力,我们的计划仍需以成果论英雄。

当然,在现实生活中,我们总是受到时间、能力等条件的限制。这本书的书稿和我的其他文稿一样,是在有限的时间内完成的。因此,只要我还没有写完最后一行字,我就绝对不会松懈。在所有限制条件下做到最好,这就是冲刺的重要性。

在写完稿件后,我会对已经完成的稿件进行反思。我会思考自己如何才能写得更好,某些不如意的地方下次该如何改进。然后,我会将这些经验应用到下一次的工作中。

在我的公司里,我会要求员工在完成每天的工作后,确认自己今天是否尽了最大努力,是否直到最后都全力以赴。

这种做法,是从2011年的那场大地震开始的。那天的地震来得很突然,因此,我一到下午四点就让大家回家了。大家都很兴奋。在地震之后的一段时间里,由于电力供应的问题,电车有时候无法运行,所以那段时间我也鼓励大家尽早回家。结果,大家一到快下班的时候就开始心不在焉。

但我告诉大家,即使在那样的情况下,也要"在回家之前,确认今天是否已经尽了最大努力"。

无论在多么有限的条件下,我们都要全力以赴地做事,直到最后一刻。这一点十分重要。

这不仅是在像地震这样的特殊情况下需要做到的,而是每天都必须坚持的。无论是普通的日子还是特别的日子,我们都要全力以赴地工作,并坚持到最后一刻。

无论工作多么微不足道,我们都要认真对待每天最后一刻的冲刺,这是非常重要的。

⑪ 评价结果

——进展顺利的时候,你是否也会"反思"结果?

按照上述的流程做事,我们一定会得到某种结果。得到某种结果后,我们就需要对结果进行评估。

如果结果不能令人满意,那么我们就要思考怎么做才能使结果令人满意。

如果为了得到令人满意的结果,我们需要对某事或某项目投入超出预算的费用和人力,那么我们就要对其进行"评估",考虑是应该继续投入还是放弃。

作为一名管理顾问,我在观察过许多客户后发现,**实际上最关键的是,当结果与预期一致或者超出预期时,我们仍然应该进行反思**。比如,客户数量比预期多,利润增加,收购价格低于预期……在这些时候,大部分人往往不会反思。

越是计划进展顺利,我们越需要反思"计划为什么进展顺利"。如果只是"运气好",那么这种顺利可能就不会再现,我们无法利用同样的经验获得下一次成功。

因此,我们要准确把握成功的原因和过程,使之具有再现性。

那么,我们如何进行反思呢?从咨询顾问的角度来看,我们要反思计划进行的情况,分析它的外部环境和内部环境具体是什么样的,以及各种环境因素是在什么情况下交织在一起产生成功或失败的结果的。

所谓外部环境,例如雷曼事件等,是单个公司无法控制的因素。

如果运气是成功的主要原因,那么在没有特定外部环境的情况下,成功是无法再现的。如果一个人或一家公司在泡沫经济时期大获成功,那么它有

社会贡献
自我实现

基于使命感的信念

每一个小目标

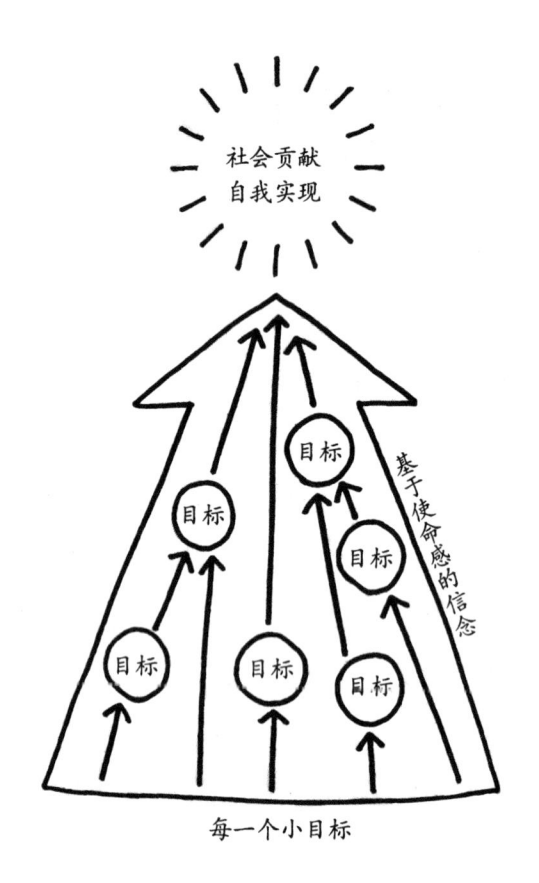

基于使命感的信念
把每一个小目标变成更大的目标。

可能在今后几十年内不会再成功了。

在客观分析外部环境的同时,我们也要分析可控的内部环境,即再现性高的要素,这是更关键的部分。

所谓内部环境分析,就是分析内部环境是否已经优化到了最佳状态,即如何充分利用现有的资源,即我们拥有的人力、物力、资金、时间、技术等,而这些资源是如何被我们使用从而使我们获得成功的。

研究分析的结果,我们可能会发现,计划原本可以更加顺利地完成。

我们应该将要做的事分为可控制的事和不可控制的事两大类。

不管是在顺利的时候,还是在不顺利的时候,我们都要分析并反思我们是否尽了最大的努力去控制能控制的事。因为好运不会持续,厄运也不会持续。

重要的是我们要分析那些能够再现的自己能够控制的因素,并且尽最大努力去控制它们。

⑫ 朝着下一个目标前进

至此,我们将获得成果的过程分为以下十二个步骤进行说明:

① 明确目标。

② 思考"能得到的东西"和"会失去的东西"。

③ 思考达成目标的步骤,制作出详细的流程图。

④ 评估资源,制订切实可行的计划表。

⑤ 付诸实践。

⑥ 吸引他人参与,鼓励他人行动。

⑦ 坚持不懈。

⑧ 养成坚持的习惯。

⑨ 执行 PDCA 循环,即计划、执行、检查、行动,持续优化过程。

⑩ 进行最后的冲刺。

⑪ 评价结果。

⑫ 朝着下一个目标前进。

正如我在第⑪项的"评价结果"部分所写的那

样,无论结果是令人满意还是不尽如人意,在反思的基础上重新开始并坚持下去是非常重要的,因为完成每一个阶段性的目标都是为了向更大的目标前进。

在这里,要坚持下去,"信念"是十分重要的。信念的基础是最初的动机,体现了一个人的价值观。

如果一名创业者只想着"只要能赚钱就行",那么他在取得一定成功后,将公司上市出售,获得利益,接着就可以溜之大吉了。

如果一个人从事某种商业活动总是无法盈利,那么他就无法继续从事这种商业活动,但只是经济上的盈利,也无法确保此人的商业活动成功以及此人生活幸福。我从未见过一个只以赚钱为目的的人能够不断获得成功。

另一方面,我也听说,许多当代年轻人对赚钱本身不感兴趣,这本身并不是坏事,但如果他们认为"即使什么都不做,也会有人养活我",那么这就成问题了。

尽管日本的发展动力不足,未来令人担忧,但与某些国家相比,仍相对富裕。尽管许多人对未来持悲观态度，但认为日本会陷入极度困境的想法也过于极端。日本的整体发展水平较高，这可能让一些人产生"这样就足够了"的心态。

说到底，这与个人赚钱的目的有关，比如建造大房子，拥有别墅，拥有豪车和游艇，甚至乘坐私人飞机出行等，在我看来，这些事并没有多少社会意义。有些人嘴上说"对赚钱不感兴趣"，实际上却只考虑自己的利益。

"奢侈"变成了他们的"生存必需品"，因此，他们只考虑自己的事。

我在前文中提到过，在个人的物质欲望方面，"知足"是很重要的，但在"为社会作贡献"方面，我们不应该"知足"。那些对钱不太感兴趣的人，在某种程度上，可能已经对物质欲望"知足"了。然而，如果他们在"对社会和他人作贡献"方面也"知足"的话，那就成问题了。

如果一个人的立足点是"为了他人而努力""想为社会作贡献""想为社会留下更多的东西""想激励更多的人"，那么他应该不会满足于"这样就足够了"的状态。

为了社会发展进步,我们应该在一定程度上保持自己的"饥饿感"。

我年轻时曾经在美国留学,现在因工作需要而不时去美国,因此我很清楚,有些美国人真的是永远都保持着"饥饿感"。

他们在赚钱方面保持"饥饿感",但另一方面,他们在捐款、为社会作贡献以及"努力成为最好的自己"这些事上也会保持饥饿感。

可能这种观念已经根深蒂固地植入了他们的心中:一生辛勤工作,赚到的钱至少要捐出十分之一,为了能捐更多,就必须赚更多。

因此,他们总是不满足于"good"(好),而是不断追求"great"(卓越)。由于国情不同,我们没必要像他们那样做,但我觉得让自己在一定程度上保持饥饿感也是可以的。

现在,越来越多的年轻人参与了非营利性组织的社会公益活动,不管他们的动机是什么,我觉得参与公益活动都是好事,而我自己则希望通过工作来实现自我价值。

从儿童时期开始,我就想成为最好的自己。我想让周围的人感到幸福,也想为社会作出贡献。

对我而言,咨询、研修、演讲以及写书等工作是实现自我价值最好的方式。

我相信,努力工作并获得一定的成果,就是对社会最大的贡献。

事实上,那些最终变得富有和成功的人,在他们的成长过程中,并不一定只追求金钱和名声。我认为,我们不应只关注数字上的成功。就像一些成功人士所展现的那样,他们的成就并非单纯建立在对金钱和地位的追求上。

我一直尽力做好每一项工作,因为我知道,这样就能获得来自社会的正面评价。

我敬爱的老师、已故的圆福寺的藤本幸邦说过一句话,它成为了我工作方法的根本指导原则:

不要一心追逐金钱,要努力工作。

我希望拼命追求财富的人和对财富不感兴趣的人,都能充满激情地努力工作。

我希望大家能充满激情地把工作做好,并获得丰硕的成果。

大家都做好本职工作,让周围的人感到幸福,这样,我们最终会创造出一个人们的经济和精神都富足的社会。我认为我的使命是为这个社会作出一些贡献。

这不仅仅是我的使命,也是所有工作的人都应该有的使命。

总结　获得成果的十二个步骤

① 明确目标。
② 思考"能得到的东西"和"会失去的东西"。
③ 思考达成目标的步骤,制作出详细的流程图。
④ 评估资源,制订切实可行的计划表。
⑤ 付诸实践。
⑥ 吸引他人参与,鼓励他人行动。
⑦ 坚持不懈。
⑧ 养成坚持的习惯。
⑨ 执行 PDCA 循环。
⑩ 进行最后的冲刺。
⑪ 评价结果。
⑫ 朝着下一个目标前进。

2. 培养执行力所需的基本心态

具备执行力的人有一些共同点。在这里,我们明确地列举这些共同点:

① 犹豫不决时选择去做

世界上有两种人:一种是犹豫不决时不行动的人,另一种是犹豫不决时采取行动的人。当然,后者是更有执行力的人。

无论大事还是小事,有执行力的人通常在"做还是不做""这样做,还是那样做"等犹豫不决时,会选择先去做,因为如果不做,就不会有结果。

例如,有执行力的人面对那些参不参加都可以,但参加了可能会有收获的活动,会选择去参加。如果他们被邀请参加从未尝试过的积极的娱乐活动,他们会选择去参与一下,试试看。如果让他们在已知的道路和未知的道路之间做选择,他们会选择走未知的道路。

总之,他们在考虑要不要做那些令他们犹豫不决的事时,只要其风险较小,他们就会先做了再说。**有执行力的人会主动"迈出一步",这样的行动力会变成一种节奏,最终成为习惯。**

而且,试过的人都会明白,无论多么小的事情,一旦付诸行动,总会带给人一些兴奋感。这或许可以视为小小的成就感,也可以视为幸福感。与那些没有付诸行动的人相比,行动的人可能还会有一种小小的优越感。这些感受积累起来,会让人生变得更加幸福。这是一种只有尝试过的人才能体验到的幸福。

因此,执行力是一种习惯,要从小事开始培养。

对那些以前总是"在犹豫不决时选择不做"的人来说,刚开始这样做时可能会觉得有些困难,但只要"迈出一步",并经常这样做,慢慢地就会自然形成"犹豫不决时选择去做"的习惯。当你开始对不做事感到不适应时,就意味着你已经形成了这种习惯。

当然，在这个时候，正如我之前提到的，我们不能忘记在做事之前进行风险分析。对高风险的事，我们需要深思熟虑后再决定是否去做。

像借钱、投资、跳槽这类不可逆的事，一旦做了就无法回头，我们需要在做之前仔细考虑。

像离婚或辞职这样的事，虽然不是完全无法挽回，但有很高的概率是不可逆的。不管怎样，它们都会对你和你周围的人产生很大的影响。尤其是离婚，它对孩子造成的影响是无法估量的。

什么都不考虑就去做某件事，并不是勇敢，而是鲁莽或自私。

请你从那些风险较小且能让周围的人高兴的小事开始尝试。

② 言出必行

据说，软银的孙正义在创业初期，对几位兼职职员宣称自己要将公司发展成价值一千亿日元的大公司。即使你的目标没有那么远大，但当你公开宣布自己想做的事时，其做成的可能性就会增加，因为你一旦将想法说出口,就不得不去做了。

实际上,我在出版了几本书后,也曾想在我的有生之年出版一百本书,我把这个想法告诉了别人,起初没有人相信我能做到。我决定每出版二十五本书就举办一次出版派对,但在我出版第二十五本书的时候,还是没有多少人相信。然而在我出版第五十本书的时候,我身边的所有人,都觉得这是可能实现的事了。

然而,在我还没来得及为第七十五本书举办派对时,我的第八十七本书已经问世了。

当然,真正杰出的人往往是"不言而行"的典范。但对大多数人而言,"言出必行"是一种很好的督促自己的方法。让别人参与到自己的计划中,既是一种自我鞭策,也可以让别人督促自己完成计划,因为未能实现的计划不仅会令我们感到尴尬,还会损害我们的信誉。

③ **掌控时间**

在这个世界上最有限且宝贵的资源就是时间。

时间既是最可控的,也是最难控制的。

因为人生终将结束,所以我们应该提高对时间的感知力,学会掌控时间,尽可能实现最大的成就。

一旦决定了要做的事情,我们就应该制订一个可行的计划,并思考如何集中利用时间这一宝贵资源。为了达到想要的结果,我们要思考我们应该投入多少时间,能获得多少成果。

值得注意的是,即使投入相同的时间,我们每个人的生产力可能也各不相同。

这是因为个人状态会有波动,投入时间之后,我们未必都能获得理想的成果。

对我而言,重要的想法往往不是在办公桌前想出来的,而是在新干线列车上,在出差时住宿的酒店里,在我睡了一个好觉后的家中床上等非工作环境中浮现出来的。

写这本《执行力》的计划也是在这种情况下诞

生的。当时，我正在大阪出差。在酒店里休息时，我突然有了这个想法。我立刻在酒店的信纸上草草写下了许多要点，然后，在新干线列车上构思了每个章节如何安排。

以每小时三十公里的速度跑五小时，不如以每小时七十公里的速度跑三小时跑得远。

从事脑力劳动的人，不仅要讲究时间的使用方法，还要注意如何保持良好的精神状态。

我们要知道自己的"黄金时间段"（我是这样称呼自己状态最佳的时间段的），并将重要的工作集中在这段时间内完成，这样，我们的工作效率会有显著的提升。

④ 保持良好的健康状态

"提高执行力所需的基本心态"的最后一点是"注意保持良好的健康状态"。

我们要想激发自己的干劲儿和活力，应具备两个要素：一个是"信念"，另一个是"良好的健康状态"。

信念 × 良好健康状态 = 获得成果

当这两个要素相结合时,我们便能得到想要的成果。

因为我的"黄金时间段"是在早晨,所以我尽量避免熬夜。即使晚上有聚会,我也不会太晚回家。在忙碌中,我会优先确保睡眠时间,以保持良好的健康状态,这需要付出相当大的努力。

市面上有许多宣扬各种"健康养生法"的图书,但我发现,只要养成一些良好的生活习惯,我们的健康状况就能大大改善。

总结　培养执行力所需的四种基本心态

① 犹豫不决时选择去做。
② 言出必行。
③ 掌控时间。
④ 保持良好的健康状态。

第二章

养成提高执行力的习惯

在本书的开头，我曾提到，我将"执行力"定义为"能获得成果的行动力"。

然而，仅有行动力并不一定能获得成果，无法取得成果的行动力不能称之为真正的执行力。如果缺乏行动力，那么任何成果都无从谈起。

因此，这两者正确的顺序应当如下：

先有行动力，然后才有执行力。

在第一章中，我以"执行力的本质"为主题，讲述了行动力是如何产生的，以及它是通过什么样的过程与结果相连的，并探讨了其内在机制和思维方式。

在本章中，我想具体讨论一下如何养成执行力，其中包括一些实际的方法和技巧。

首先，为了帮助那些行动力不强的人，我将列举一些有助于养成行动习惯的小行动。

接下来,我会介绍将行动力转化为实际成果的方法。

再次,我会介绍一些方法来保持这些成果,即培养坚持做某事的习惯。

最后,这可能算是额外补充的内容,我会列举一些可以使我们过上幸福生活的行为和习惯。

这些都是看似简单且自然的行为,你可能会怀疑,这样做能产生强大的执行力吗?如果你有这样的疑问,那么请一边阅读本章,一边评估一下自己能否做到这些简单的事。

《论语》中提到,起初,孔子判断一个人是否杰出,是根据这个人所说的话来判断的。在他意识到这是错误的做法之后,他会结合一个人的言行来对这个人进行判断。

"知道"和"做到"是完全不同的两回事。如果不付诸行动,那就跟一无所知没什么两样。这本书也是以介绍和培养执行力为主,让读者通过正确的行动来获得成果。但只是阅读它是不够的,这样做,你不能让你和你周围的人变得更幸福,也不能得到你想要的成果。它无法直接改变你,你要想改变自己,最重要的是采取行动并获得成果。

顺便说一句,《论语·为政》中提到:"视其所以,观其所由,察其所安,人焉廋哉?"我们想了解一个人是否优秀,需要首先观察他的行为,其次寻找他的动机,最后了解他内心所重视的事物。

因此,要成为优秀的人,就要秉持正确的信念并坚持行动。

1. 培养行动力的习惯

① 被叫到名字时要回应

我大学毕业后进入东京银行工作，接着进入冈本联合公司工作，后来又进入圣集康护有限公司工作。尽管圣集康护有限公司当时还是一家中小企业，但它独特的企业文化给我带来了巨大的冲击。

我受到的其中一个冲击就是"被叫到名字时要回应'是'"。

这看起来是一件小事，但在那之前，没有任何一家我任职过的公司要求我这样做，现在回想起来，我意识到并非在所有情况下我都做到了立即回应。

例如，如果上司叫某个人，即使是在大企业的大办公室里，那个人也应该大声回答"是"，然后跑进上司的办公室。但是在会议或仪式上，被叫到名字的人通常会默默地站起来。如果是"某某银行的某某常务"或"某某分行行长",那就更不用说了。但即使在这种时候,我也会回应"是",因为这已经成了我的习惯。

要在电话铃响三声之内接听电话,要亲自把客人送到门外,要对周围的人说"我去了""我走了""我刚回来""我回来了"等打招呼的话,这些都是我在那家公司学到的。另外,那家公司还有一本写着这些内容的叫《经营计划书》的小册子,每天早上由值班的人逐条朗读。

我发现,行动力强的人做起事来十分有节奏感,有跃动感。

接电话的方式也是如此。有的人总是心情愉快地接电话,有的人则总是不耐烦地接电话。

从这些小细节中可以看出一个人是否具有较强的行动力。反过来说,只要从这些小的行动开始慢慢培养自己,我们就能让自己拥有较强的行动力。

② 记录新闻中的数字

我经常在演讲时问观众们一个问题：
"你们还记得前天的晚饭吃了什么吗？"

如果我问"昨天的晚饭吃了什么"，可能还会有人记得，但是前天的晚饭吃了什么，很多人就记不清了。正在读这本书的你呢？

"我们连前天晚饭吃了什么都有可能记不住，更不用说一周前的报纸上的文章了，那是我们大部分人肯定记不住的东西，对吧？"演讲中的我常常这样说。

因此，我总是随身携带笔记本，如果有想记住的事就立刻记录下来。

当然，不这么做也没关系。反正大家都记不住。但是，每天做这些小事的人和不做这些小事的人，几年之后，会有很大的差别。

如果你要从事商业活动，那么适应社会环境是你进行商业活动的基础。你可以通过新闻了解社会动态，每天记录和学习有价值的时事，几年之后，你会发现,了解社会动态的人与不了解社会动态的人之间的差距相当大。

了解社会动态这件事,你做不做都可以。即使你这样做了,可能也不会立刻见到成效,做这件事的关键在于你能否将它一直做下去——这也是对行动力和耐力的一种训练。

③ 立即回复邮件

除了像商业谈判等需要我们深度思考才能回复的邮件外,其他简单的事务性邮件,我们最好立即回复。这也能使我们保持良好的行动力的节奏。如果我们无法立即给对方确定的回复,那么也应该回复对方"已收到邮件"。我通常会把未回复的邮件集中保存在一个文件夹里,回复后就删除,以防遗忘。尽管如此,我的邮箱里总是有十到二十封邮件处于待处理状态,有时候,邮件未回复的时长甚至超过一年。

总之,我们要尽可能快地回复邮件,养成"今日事今日毕"的习惯。

每天重复这样做的话,我们的生活就会有节奏感,同时,我们也会因"早回复,早行动"而得到周围人"这家伙工作效率真高"的评价,让他们觉得我们处事稳重。

坚持做这些事,不仅能让你的生活更有节奏感,还能让你养成"立刻行动"的习惯,从而让周围的人因你高效的工作而感到安心,并给予你较高的评价。

④ 乘坐早一班电车

我在前文中提到过,掌控时间很重要。要想拥有掌控时间的能力,我们就要经常提前采取行动。提前采取行动,会让你做事更加从容。

相反,如果你总是在最后一刻才行动,或是在约定时间之后行动,那么你会觉得自己总是在赶时间,总是被时间和环境所控制。

乘坐早一班电车是掌控时间的有效方法。

在许多情况下,只要掌控了时间,我们就能掌控许多事,进而掌控我们的人生。

⑤ 尊称客户为"先生/女士"

在公司内部的日常对话中,我们应该称呼客户为"先生/女士",对于特别的客户,则应直接称呼他们的名字。我们平时所说的话会形成意识,并最终体现在行动上。所有的商业活动都离不开客户,我从未见过一个不珍惜重要客户的个人或公司能够长期经营下去。我们应该总是把客户放在首位。

同样,对客户以及周围的其他人,如快递员等,我们也应礼貌地表达感谢之情。这样做不仅能让对方感到愉快,也能让我们自己心情愉悦。

⑥ 对别人说"您走好""您回来了"等问候语

在公司内部,同事之间互相问候并不是非做不可的事。在一些办公室里,有人外出或回来,大家都装作没看见,这种情况并不少见。

在日本的家庭里,孩子们回来时,家人会说"你回来了",男性回来时也会听到"您回来了"(有些男性不会说"我回来了"),夫妻之间也会说"早上好""晚安"。

据说,不常进行这种问候的家庭越来越多,但在我看来,能够自然地进行这些问候,其实是提升行动力的起点。

能常常问候别人的人通常做事有节奏感且性格开朗,人际关系也比较融洽。有时,问候别人是获得成功的第一步。

⑦ 在公司里,主动与遇到困难的客户交流

我想每个人都有过拜访客户时被冷落的经历。在有些公司里,大多数职员会无视那些看起来有困难但不认识的人。在日本,越是大企业,这种情况就越严重。

我自己也遇到过类似的情况。例如,有一次,我去一家日本著名的大型贸易公司,在前台,我因不知道该往哪个部门打电话而感到束手无策。我只记得公司名称和接待者的名字,但不清楚接待者具体所在的部门名称。我以为说出"我是小宫咨询公司的

小官"后,前台的接待人员就会知道怎么做,没想到对方却问我:"您找哪个部门的哪位先生?"我本以为前台人员只要用电脑查一下接待者的名字,就能顺利找到接待我的人,但接待人员似乎没有这样的设备。虽然这看似是企业文化的问题,但我认为这对访客来说是非常失礼的。

连前台的接待人员都这样,大企业里的其他人员就更不可能主动与和自己无关的人搭话了。但是,如果我们见到别人处于困境,就应该主动上前询问。实际上,这样做也有助于发现潜在的犯罪行为。

如果一个人把自己当作公司形象的代表,应该能够做到这些,但遗憾的是,很少有人能意识到这一点。然而,我衷心希望每个人都能认识到,最适合担任领导职务的人,往往是那些连小事都能勇于承担责任的人。

虽然领导者应该让员工意识到自己代表了公司,应该给客户和周围的人带来一些温暖,但培养员工这种意识并不是那么容易的。然而,我希望大家都能意识到,那些即使小事也能负责任地考虑的人,更适合成为领导者。

始终保持向前"迈出一步"的习惯的人,最终会获得成功。无论做什么,勇于尝试的行动力都是成功的关键。

⑧ 坚持运动

行动力的基础是身体。即使我们有坚定的信念,但若是体力不足,也无法执行计划。体力不足还会导致我们的动力减弱。我们不仅要注意保持良好的健康状态,不要让自己生病,还应该养成坚持运动的习惯。没有时间运动的人,可以养成平时多走路的习惯,这在一定程度上也能增强体质。

平时,我不是在公司工作就是在出差;周末,我通常在家里写作。我会抽时间出去走走,哪怕只有十分钟或二十分钟。为了转换心情,我通常会在傍晚散步一小时左右。

总结　培养行动力的八个习惯

① 被叫到名字时要回应。

② 记录新闻中的数字。

③ 立即回复邮件。

④ 乘坐早一班电车。

⑤ 尊称客户为"先生/女士"。

⑥ 对别人说"您走好""您回来了"等问候语。

⑦ 在公司里,主动与遇到困难的客户交流。

⑧ 坚持运动。

到目前为止，我主要列举了与工作有关的行动。接下来，我将列举一些"可以让你变得受欢迎的小行动"。为了从行动中获得成果，获得他人的认可和支持是必不可少的。在现实中，有一点非常重要：我们要做到不被别人讨厌。

⑨ 慷慨大方

《论语》中有这样一句话："如有周公之才之美……"周公旦是孔子非常尊敬的人，孔子认为周公旦是他理想中的人物。然而，他接下来的话是这样的："使骄且吝，其余不足观也已。"这里的"骄"指的是骄傲自大，而"吝"是吝啬小气的意思。这句话的大意如下：如果一个人既傲慢又小气，那么即使他拥有像周公旦那样出色的才能，他的其他方面也不值得一看。

另外，"吝啬小气"确实是行不通的。有些人即使富有了，也依然不大方，这样的人往往会走下坡路。当然，这并不是说"衣食足而知荣辱"，但要想向别人慷慨解囊，确实需要有一定的经济基础。因此,让自己的事业获得一定的成功是很重要的。如果你能够为别人花钱,那么你就更容易取得成功。

因此,与其无故地对别人慷慨大方,不如款待一下那些帮助过你的人或你想要回报的人,你可以买些礼物送给他们,这才是最重要的。

但是,你最好在还没有赚到那么多钱的时候就养成对晚辈、下属等人慷慨大方的习惯。即使不大手大脚地花钱,你也应该有一种"多付出一点儿"的心态。

如果你送礼物的钱是公司的钱,那么你可能会毫不犹豫地使用它;如果你花的是自己的钱,你可能会感到犹豫。但是过于吝啬小气的人很难有人跟随。这样一来,你很难实现真正的进步。

⑩ 送礼

接下来我们聊一下"送礼"。我们可以给关照过自己的人和周围的人送礼。

我们应该这样想:我既不要求特别的回报,也不作为例行的礼节去送礼,只是单纯地想有没有什么东西可以送给他们。这份心意才是最重要的。

然后,我们可以把这样的想法付诸行动——把喜悦和快乐分享出去,哪怕所赠之物只是糖果,我们不仅可以将它们送给关照过自己的人,也可以将它们送给晚辈、朋友和家人。

我们平时就要有一种奉献精神,并把它付诸行动,这是"迈出一步"的关键。养成这种习惯很重要。

⑪ 写信和寄明信片

即使我们在经济上或时间上没有余裕请别人吃饭或送礼,但是写信或寄明信片,我们应该还是可以做到的,发电子邮件问候别人也无妨。对那些关照过我们的人,我们应该每隔几个月就写一次信或寄一次明信片。许多人虽然有过这种念头,但行动起来却总是很困难。我们应该养成毫不犹豫地去做这些事的习惯。

因此,当你决定把那些虽然想做但总是拖延的小事付诸行动时,你会得到一些小小的成就感。这些成就感累积起来,会帮助你建立起行动力的节奏,让积极行动成为你生活的一部分。

⑫ 谦让与分享

这里所说的"谦让与分享",不限于让出电车上的座位以及与周围的人分享零食,将荣誉让给他人,将别人送的珍贵物品分享给他人等谦让与分享的行为都包含在内。很多时候,我们只要稍微分享一些东西就能让别人感到开心。

就像我刚刚提到的,最重要的是要学会谦让与分享,同时也要让周围的人感到高兴,而不仅仅是自己独占所有的好事和好物。而且,我们经常这样做的话,不仅会得到很多人的喜爱,也更容易获得他人的帮助。这也会为我们带来提升行动力不可或缺的"小小的成就感和自信"。

⑬ 大声说出"谢谢"

如果同事或家人为你做了什么,你会说"谢谢"吗?无论我们的心里多么感谢对方,如果不用语言和行动表达出来,感谢之情就无法传达给对方。因此,我们需要平时养成表达感谢的习惯。

经常有人说:"我心里是想说谢谢的。"光是心里想是不够的,只想不做,和没想是一样的。我们要勇敢地表达自己的感谢,我认为,这是行动力的来源之一。

其他问候语也是如此。正如我在前文中提到的那样,无论对方是我们的孩子、伴侣还是父母,我们都要郑重地跟对方打招呼,这是一切沟通的基础。父母要以身作则,将这些礼仪教给孩子。

⑭ 不收出租车司机找回的零钱

我一般不会接受出租车司机找回的几百日元零钱。我在我的其他书中也提过这一点。然而,无论是在网络上,还是在现实中,总有人批评这种行为是"一种不珍惜零钱的行为"。

或许正如这些批评所指出的,不收找回的零钱可能源于虚荣心或是行为上的轻率,但我之所以这么做,并非出于自身考虑,也不完全是为了司机(在某种程度上也是为了司机),而主要是为了下一名乘客。

这是很久以前,一位白手起家成为上市公司董事长的朋友告诉我的事。

他告诉我,他不收出租车司机找回给他的零钱,是因为"这样做会让下一个乘客得到更好的服务"。换句话说,这并不是因为不在乎钱,而正是因为在乎钱,才想更有效地利用它。花一点儿钱,让司机心情愉悦,让下一个乘客也有个好心情,这不是很有意义吗?

说起出租车,我有一件到现在都非常后悔的事。几年前,我乘坐了一辆出租车,跟司机聊天儿。他说他的大女儿即将升入高中,但家里没有钱让她上私立学校,而且他还有一个小女儿需要照顾。更糟糕的是,过几天就是小女儿的生日了,但他连蛋糕都买不起。

让我感到后悔的是，当时的我其实应该给他三千日元，让他去买蛋糕。虽然当时三千日元对我来说并不算是一笔小钱，但是，那时候我能拿得出这些钱，但我没有给他这三千日元，这件事让我遗憾至今。

如果我给了司机三千日元，他会怎么想呢？我并不知道答案。他看起来是一个老实人，可能根本不会接受我的钱。尽管这件事已经过去很多年了，我仍然感到非常后悔。在这里，我并不是后悔没有向司机捐款，只是，对我来说，那时候的三千日元和现在的三千日元，价值是不一样的。我认为，金钱的流动本质上就是一种价值的转移。

如果他因此感到高兴，就会给下一位乘客提供更好的服务，这样社会情绪的循环就会有所改善。更重要的是，如果那位司机和他的家人因此感受到"社会没有抛弃我们"，那不是一件好事吗？我认为这种"好心情"也会因这件事而在社会中传递。

⑮ 善待周围的人

不仅是出租车司机,我们要善待所有萍水相逢的人,我认为这对世界也是一个巨大的贡献。善待家人和同事不仅能使他们幸福,还能使他们有精力善待他们周围的人。这样可以形成良性循环。

松下幸之助曾说,拥有正确的人生观非常重要,而让周围的人感到幸福,是正确的人生观中的重要部分。因此,我们要充满善意,善待他人。

⑯ 关心他人

同样,感谢他人也是我们关心他人的重要源泉之一。如果我们对他人没有感谢之情,那么所谓的礼貌只是停留在表面上的礼仪而已。然而,即便是表面上的礼仪,有也总比没有要好,因此,我们仍需注意一些细节。

例如,无论别人赠送给我们多么珍贵的礼物,我们都不应过分地表达谢意或反复提及,而是将感谢之情铭记于心,以免因此耽误了接下来要做的事。同样,当我们需要占用别人的时间时,也应时刻铭记时间对每个人来说都是宝贵的资源。

总结　招人喜欢的八种行为

① 慷慨大方。

② 送礼。

③ 写信和寄明信片。

④ 谦让与分享。

⑤ 大声说出"谢谢"。

⑥ 不收出租车司机找回的零钱。

⑦ 善待周围的人。

⑧ 关心他人。

2. 养成将行动转化为成果的习惯

到目前为止，我们主要讨论了采取行动的重要性。接下来，我们将探讨如何通过行动获得成果，如何养成将行动转化为成果的习惯。

① 把书读到最后一页

正如前文提到的，我们要想"将行动转化为成果"，获得他人的支持非常重要，但坚持到最后也非常重要。想要养成坚持到最后的习惯，我们可以试着把一本书读到最后。

爱读书的人可能不理解我为什么会提出这样的论点。实际上，无论多么喜欢一本小说，我都无法连续读一个半小时以上。无论多么有趣的电影，看两个小时以上，我就会觉得痛苦，感到厌烦。相反，我擅长每天勤勤恳恳地做一点儿事,比如读书,我喜欢每天读一点儿直到读完。当然,也有人擅长集中时间一口气读完。

不管怎样,我认为养成把书读到最后的习惯,就是在培养自己坚持完成有价值的事的习惯。

② 先试着写下来,然后把写好的东西给别人看

不要只把想到的东西留在脑海里,而要试着将它们写出来。无论是在私密的日记本里写日记,还是在博客或其他社交网站上写文章,这些都是记录我们所思所想的好方法。

总之,我们要认真对待写作,并且坚持下去。尝试将你的想法记录下来,这样实现它们的可能性就会增加。此外,公开分享或让他人阅读你写出的想法,实现这些想法的概率就会进一步提高。这与我在前文中提到的"言出必行"原则相似——既然说出口了,就要付诸行动。面对别人监督的压力和他人的评价,那些顽固的想法往往会被纠正。同时,通过在社交网站上发布文章,你可能会得到意想不到

的反馈和支持,有时你甚至能够因此迅速拓展你的事业。

另外,因为这些内容是给别人看的,所以你必须完成整篇文章的撰写,这也有助于培养你坚持到最后的习惯。如果你的文章有反响,那么也就意味着你得到了他人的评价,这将给你带来小小的成就感。

因此,想提高执行力,尝试写文章是一个好方法。

③ 用数字思考问题

无论你有多么出色的创意,如果你没有将它具体化的能力,那么你最终也无法将它运用到工作和生活中。成功的人通常是那些能够具体思考问题并且能够将那些具体的想法转化为实际成果的人。具体化就是"深入挖掘",这也意味着将事情进行深入思考。

那么,具体化的技能是什么呢?在我看来,具体化可以视为数据化。换句话说,就是要用数字来思考问题。这不是简单地说"再努力一点儿",而是明确地说"还能努力多少小时""还能拜访多少次""还能写多少页"。

我们要养成用数字思考问题的习惯,这样不仅能更深入地思考问题,还能更容易地获得成果。

④ 尽快结束通话

打电话时,我们要注意不要过多占用别人的时间,许多工作能力强的人通常打电话的时间都很短。在打电话前,他们明确地知道自己想说什么以及想从对方那里听到什么。缩短打电话的时间也是一种掌控时间的方法。

灵活使用发电子邮件和打电话两种通信方式也很重要。一般来说,大部分年轻人喜欢使用电子邮件处理工作上的事,而中老年人则喜欢通过电话传达一些本可以通过电子邮件传达的事。为了不过多占用别人的时间,能用电子邮件解决的问题,我们最好用电子邮件解决。

那么,什么样的事适合通过电话沟通呢?需要"表达想法"时,我们可以选择用电话沟通。在平时的工作中，**沟通大致可分为"传达事实"和"表达想法"两种情况**。大多数情况下，我们只需要"传达事实"，用邮件沟通更为合适，因为对方也可以在自己方便的时候回复我们。

但是，如果我们需要"表达想法"，那么我们就需要使用谨慎的言辞，并在交流过程中观察对方的反应，尝试建立共识。在这种情况下，我们可以打电话沟通或者面对面交流，这样做沟通效果会更好。

当然，在这种情况下，正如我在前文中提到的，我们也要记得不要过多占用别人的时间。缩短通话时间是体谅对方的做法，而且，这也能节省我们自己的时间。

⑤ 按时结束会议

如果会议时间为一个小时，那么我们就必须用一小时左右的时间来结束它。否则，许多人的时间就会被浪费。很多时候，领导者没有说散会，大家就无法结束会议，因此，领导者应尽量按时结束会议。这也会涉及"如何在既定时间内有效分配会议各部分的时长"的问题。培养这种有限资源的分配习惯，有助于我们获得更好的成果。

从"传达事实"与"表达想法"这两种情况来看，会议本质上是一个"表达想法"的理想方式，因此，不能只追求时间效率。如果想要会议按时进行，那么我们可以通过分发传达必要事项的资料让大家自行阅读部分会议内容。

然而，即使如此，不断地开会是否能真正共享"想法"，这也很值得怀疑。许多人会像我这样，无法长时间集中注意力且对开会感到厌烦。

无论如何，时间是有限的，任何商业活动都有时效性。无论多么优质的会议方案，如果错过了执行它的时机，它可能就会变得毫无价值，这是很常见的事。

正因为事情重要，所以我们才更需要考虑如何在既定的时间内结束会议，不浪费大多数人宝贵的时间。我们要养成在既定时间内完成任务的习惯。

⑥ 在会议上作出具体决策

关于会议我再补充一点。即使会议时间稍长，只要能得出一些具体的结论，会议仍然是有价值的。然而，常见的情况是会议时间很长却未能得出任何具体结论。我因工作的关系参加过很多公司的会议，所以对这个问题非常了解。

最常见的问题是会议沦为了领导的个人演讲，发言者可能心情舒畅，但听众却感到痛苦不堪。真正的会议必须有明确的目的，即为了做出某些具体决定而召开。

会议的具体决策主要体现在以下这些方面：

a. 明确目标。

b. 确定为实现目标而要完成的事项。

c. 用具体数字来明确这些事项。

d. 决定项目负责人。

e. 明确在何时完成这些事项。

会议必须明确参会者应该做的事,并使其成为可以明确评估的内容,否则便无法实现会议目标。

⑦ 在会议上,让参会者确认且接受会议作出的决议,并继续跟进会议的后续工作

即使会议已经有了具体的决议,但决议能否实际执行又是另一个问题。如果会议的决议无法执行,那么无论会议的决议如何,都无法使参会者获得成果。

我们强调了在会议上提出具体决议的重要性,一旦会议做出决议,所有参会者就应该接受这些决议。

这似乎是理所当然的事情,但如果你观察那些经营不佳的公司的会议,你会发现,开会本身似乎成了开会的目的。在会议上,虽然相关参会者进行了各种各样内容的发言,但实际上,那些发言最终变成了"巧妙地推脱责任的说辞"。

例如,在某些公司的业绩报告会上,各部门的负责人会说"这个月我们卖了这些"或者"利润大概是

这么多"，通常会有一些部门没有达到目标，这时，公司的领导者就会追问："怎么会这样？"

当然，相关部门的负责人知道自己会被追问，因此事先已经准备好了各种各样的借口。于是，许多人都会拼命思考如何"巧妙地逃避责任"。这样一来，会议的目的就变成了"如何应付会议"。

当各部门为了争取预算而提出各种方案时，也会出现类似的情况。在董事会的会议上，本来应该从公司整体的使命和目标出发，多角度地讨论每个方案对公司的意义以及资源应该如何分配。但实际上，在多数情况下，为了避免有人"抱怨"，让提出的议案通过，反而成了主要目的。

因此，为了获得全体成员的认可并获得成果，会议需要决定一些具体的事项。如果不这样做，那么即使方案通过并开始执行，也不一定能最终落实并获得成果。

当然，在大公司里，将所有执行计划的细节都在董事会上敲定是很困难的，但在议案通过后，相关人员应该立即确定具体计划，明确每个人要做什么以及什么时候完成，并将这些内容写入执行计划书，这是非常重要的。此外，相关人员还需要进行接下来要提到的检查。

无论如何，空谈而无实践的会议是毫无意义的。

⑧ 检查进度

正如我在前文讨论 PDCA 循环的章节中所提到的，为了实现已确立的目标，我们需要将"在何时之前完成什么任务"具体化并规划好，相关人员必须了解这一点，开会正是为了确认这些事项。换句话说，会议是手段而不是目的。尽管这听起来是理所当然的事，但许多公司把开会当成了目的，因此，我需要在此特别强调一下。

⑨ 避免在网络和电视上浪费太多时间

我是一个对网络还算有抵抗力的人，但最近我发现，自己上网花费的时间意外地多。我经常在社交网站上浏览别人的动态，看着看着，时间就在不知不觉中过去了。因此，我现在的结论是，上网应该在碎片化的时间里进行,并且要预先设定好时间。我们应该改掉晚上睡前长时间上网的习惯,不能占用睡眠时间没完没了地上网,睡眠不足会影响我们的健康和第二天的工作效率。

设定时间进行某项活动并不限于上网或看电视。就像开会一样,无论什么事情,都应该设定好时间限制,并在那个时间段内完成。养成在有限的时间内获得成果的习惯,对有效利用时间至关重要。

⑩ 多花时间来创造有价值的内容

不过,我个人认为,写博客和更新社交网站是好事。对我来说,由于工作需要,社交网站是一个发布信息的地方。既然我现在有机会写书,那么作为一个作家,如果我发布的信息和那些不以写作为职业的人处于同一水平,那就太对不起读者了。虽然我不知道有多少读者在期待我的作品,但作为作家,我有义务提供只有我能写出的内容。

我希望提供一种独特的视角,即使与别人谈论的事物相同,我也能提供不同的解读方式和联想,让读者能够从中获得新的启发。

我会在早上更新自己的社交网站。经常有人对我说："你那么忙,怎么还有时间写那么多文章呢?"我认为,我写作的文字数量和许多人没有太大区别。我会阅读几份报纸,看新闻,在街上散步,我在这些活动上花费的时间和许多人都是差不多的。当然,由于工作需要,我去的地方可能和许多人不太一样。

因此,如何用文字展现与众不同的有价值的内容,这是我作为一名作家和经营顾问展示能力的关键所在。我的文字所展现出的与别人的文字的差异,源自我的观察力和逻辑思维能力,我一直是这样认为的。因此,我每天寻找题材,在社交网站上写文章,也是对自己的观察力和逻辑思维能力的训练。比如,前几天我打算从大阪出发到熊本去,途中,碰巧坐上了一架有螺旋桨的飞机,于是我在自己的博客中提到了这架飞机所属的日本航空公司的经营状况。

作为一个飞行器爱好者,我知道有螺旋桨的飞机如今已经比较少见了,单凭这一点,这件事就很有意思。但我想,仅仅提一下还不够,我又以经营顾问的身份,撰写了一篇文章,补充了日本航空公司的业绩情况。

实际上,现在日本航空公司的收益非常好,它的利润占全球航空公司总利润的四分之一。但是,如果只说"日本航空公司的业绩很好",那就和《日本经济新闻》①的报道没什么两样了。

在全球数百家航空公司平等竞争的情况下,其中一家公司能独占全球航空公司总利润的四分之一,这几乎是不可能发生的事情,为什么会这样呢?这是一个值得深思的问题。我还没有弄清楚其具体原因,所以没有继续写下去。不过,通过分享有螺旋桨的飞机的照片,再结合逻辑推理,我们可以将关于这个话题的讨论延伸至更广泛的经济和管理领域。

在社交网站上,有的人每天炫耀今天和哪位名人在一起,有的人则不断上传食物和孩子的照片。我觉得,社交网站有时比我们想象的更能暴露一个人的性格、想法,甚至能力。

在我的客户中,有不少人使用社交网站,但有一位公司的领导者认为,没必要在社交网站上写自己每天吃了什么美味的食物。他说,员工或合作伙伴

---

① 一份在日本颇有影响力的报纸。

看到这些会怎么想呢？当然，如果公司的业绩非常好，员工过得比领导者还好，那还好说。但在一个不给员工发工资的公司里，公司的领导者却每天分享美食照片和自己打高尔夫球的照片，员工肯定会想："我也想像他一样。"其实，没有意识到这些问题的公司的领导者才会做这种事。

公司的领导者在社交网站动态中写与谁见面的时候，也必须充分考虑到看到这条信息的人的感受。有些事对看到这条信息的人来说可能是困扰。公司的领导者是否考虑到了这一细节，我们可以通过观察他的社交网站的动态来确认。

我听说，许多美国和日本的大型企业在招聘时会查看应聘者的社交网站动态。

为了求职，学生们可能会发布一些对自己求职有利的帖子，即使如此，他们的价值观、朋友关系和平时的活动区域还是能自然地表现出来。

顺便说一下，我更新博客记录当天发生的事情，一般是在晚上写日记后、睡觉前进行。当然，如果涉及别人的姓名等敏感信息，大部分情况下，我都会将它们隐去。

⑪ 打扫卫生

这可能听起来有些奇怪,但我的一些客户的公司,每天早上都会让全体员工一起擦桌子和柜子。做这些事并非我的建议,他们一直都坚持这么做,而他们公司的执行力也有显著提升。当然,我自己公司的员工也在做这件事。

在前文中,我提到过"头脑可以怯懦,手却不能怯懦",坚持打扫卫生这样的体力劳动确实有助于培养员工的执行力和耐力。在僧侣的修行中,打扫卫生是必修课之一,他们这么做,肯定有其道理。

每天早上锻炼身体、打扫卫生,不仅能让我们感到神清气爽,还能让我们发现很多事只有实际做了才能明白。总之,让我们先试着做一下吧。

⑫ 早起

现在很流行"早晨锻炼身体"(晨练)。俗话说:"早起的鸟儿有虫吃。"早起能给我们带来许多好处。

大家都很清楚早起的好处。虽然它的好处大家都知道,但要养成早起的习惯并没有那么容易。正因如此,坚持早起才对培养执行力有特别大的帮助。

⑬ 表扬团队成员

到目前为止,我们主要讨论了如何提高个人的执行力。然而,除了新入职的员工或个体经营者,大多数商务人士通常需要通过团队协作来实现某些目标,而团队的领导者更需要关注团队的整体成果,而不是个人的表现。领导者经常会遇到这样的问题:"自己能做某事,但无法让下属做同样的事。""自己一个人可以完成,但团队一起做却无法完成。"

这就像职业棒球运动中的一种情况:有些选手作为球员非常优秀,可一旦成为教练,就完全不行了。这是因为当球员的能力与当教练且让队员发挥能力的能力是不同的,自己站在击球区击球和让别人像自己一样击球是两回事。进一步讲,教练需要有整体战略思维和管理团队的能力。

我经常说,经营者有一项名为"经营"的特殊工作,具体来说主要是以下三点:

a. 确定企业发展的方向。
b. 优化资源配置。
c. 激励员工。

在"自己能做某事,却无法让团队做某事"的情况下,掌握"激励员工"的能力就显得尤为重要。那么,我们该怎么做呢?简而言之,我认为做到这一点的关键在于领导者能否发自内心地表扬团队成员。因为要发自内心地表扬某人,就必须发现并认可这个人的优点。也就是说,能真心表扬团队成员,就意味着你了解每个成员的优点。因此,你不会对每一个"球员"都说"打出全垒打来",也不会对优秀的"球员"说"轻轻碰球就行"。

每个团队成员都有自己的长处,能否利用这些长处来组建团队,是评价领导者是否称职的重要因素,也是团队领导者的职责。领导者必须了解每个团队成员的优点，这是最基本的前提。因此，我认为能够带领团队获得成果的领导者，一定是那些能够充分了解每个团队成员优点，并能够发自内心地表扬他们的人。

有人认为，只要把优秀员工聚集起来，就能组成最强的团队，是这样吗？事实并非如此。一个只能利用优秀员工平庸之处的团队，远不如一个充分发挥普通员工卓越之处的团队强大。所谓人尽其才，就是这个意思。

要提高团队的执行力，领导者首先需要具备发现每个团队成员优点的能力，这是最重要的一点。接着，领导者需要发自内心地表扬团队成员，将他们的优点真正发挥出来。

请试着表扬一下团队成员吧！

总结　养成将行动转化为成果的十三个习惯

① 把书读到最后一页。

② 先试着写下来，然后把写好的东西给别人看。

③ 用数字思考问题。

④ 尽快结束通话。

⑤ 按时结束会议。

⑥ 在会议上作出具体决策。

⑦ 在会议上，让参会者确认且接受会议作出的决议，并继续跟进会议的后续工作。

⑧ 检查进度。

⑨ 避免在网络和电视上浪费太多时间。

⑩ 多花时间来创造有价值的内容。

⑪ 打扫卫生。

⑫ 早起。

⑬ 表扬团队成员。

3. 养成保持成果的习惯

① 持续努力，提升实力

到目前为止，我们已经讨论了养成通过行动获得成果的习惯。接下来，我们要讨论应该如何保持这些成果。

从现在开始，我将为大家介绍一些有用的习惯，但在那之前，有一件更重要的事需要说明——**持续努力，提升实力**。

前几天，我拜访了一个在小城市的客户。这是一家拥有相当数量连锁店的公司，通过观察每家店的销售趋势，我发现，有些店长能够持续达成目标，而有些店长的销售业绩波动较大。当然，外部环境的变化和运气也是影响销售业绩的因素，但是，归根结底，能够持续完成销售目标的人，通常都是具备相当实力的人。没有实力的人，容易被运气左右，无法一直保持较好的工作成果。

因此，**为了持续保持工作成果，我们必须不断增强自己的实力**。大家应该都明白这个道理，问题在于"我们应该如何提升自己的实力"。我已经多次提及，要做到这一点的关键是要拥有一种信念。这种信念就是"我要提高自己的能力"。

换句话说，**这种信念也就是"努力成为最好的自己"的真诚愿望**。正是这种愿望促使我们不断努力，不断奋斗。此外，对通过提高能力获得成果，我们也必须有信心，要怀揣"梦想"。

提升实力的另一个必要条件是了解"基本原理"。在我看来，在经营管理方面，所谓的基本原理，主要是在商业活动中秉持"以客户为本"的理念，即商家能否提供客户所需的产品，以及如何将"满足客户需求"这一目标具体落实到质量、价格和服务上，能否始终站在客户的角度来思考自己的业务。其他"基本原理"还包括"现金流管理""快速反应经营法"等。当然，"公正诚实"等行为规范也属于这一范畴。

因此，**我们要经常回顾自己正在做的事，并检查它是否符合"基本原理"**。例如，即使是最优秀的高尔夫球选手，成绩也会有起伏，因此，他需要经常请教练指导，或者录制自己的挥杆动作视频，检查自己此时的动作与状态最佳时的动作有何不同。

在家中时，每晚睡觉前，我都会读松下幸之助的著作《道路无限宽广》。将自己的思想和基本原理与这样获得巨大成功的人的思想和基本原理进行对照，我可以清楚地判断自己当前的行为是否正确，是否偏离了轨道。此外，迷茫时，我也会根据基本原理来思考自己该如何行动。因此，迷茫时，遵循基本原理做事是最好的选择。在困难的时候，我们更容易偏离轨道。首先，我们需要提升自己的实力。其次，即使实力达到了一定水平，我们也必须了解正确的基本原理，并经常检查自己的行为是否偏离了轨道。

② 写日记

在"不断提升实力"这一大前提下，我们来列举一些有助于"坚持下去"的习惯。首先是写日记。

它不仅能帮助我们养成坚持做某件事的习惯,同时也有助于帮助我们反思自己的言行。正如我在前文中提到的,我们不仅要在事情进展不顺时进行回顾与反思,在顺利的时候也同样需要进行回顾与反思。了解自己在什么情况下能够顺利推进我们要做的事,可以帮助我们更好地坚持下去,获得成果。

此外,有些公司会要求员工每天写日报,我们不应该将之视为负担,而应该将之视为回顾与反思的良机。同时,我们可以将它作为一个工具,与其他团队成员分享每天的心得,包括成功和失败的原因分析等。

成功人士分享他们的成功方法是一种非常重要的贡献,而分享失败经验则可以防止别人犯同样的错误。坚持写日记或日报,能培养出执行力和获得成果所需的强大力量。

③ 每天在固定的时间做固定的事

我擅长坚持做某些事,其秘诀是在固定的时间、固定的地点做固定的事。例如,每晚睡觉前,我会写博客和日记,并阅读松下幸之助的书。虽然我写博客才写了三年,但写日记和阅读的习惯已经坚持了二十多年。

最近,我还养成了在早晨上厕所时用平板电脑浏览社交网站动态并阅读《日本经济新闻》电子版的习惯,接着,我会一边看新闻,一边吃早餐。在电车里,我会继续读《日本经济新闻》,因为我已经在平板电脑上浏览过它的目录,所以进一步仔细阅读变得相当轻松。

此外,如果没有出差,我就在公司里更新自己的社交网站动态。如果出差,我就在酒店等地方更新自己的社交网站动态。上班前,我会写连载稿件或确认当天必须完成的事。因为我会提前大约两个小时到公司,所以时间非常充裕。此时,大部分员工还没有到公司,因此我很少被打断。总之,我们应该在固定的时间、固定的地点,以固定的节奏做已经决定做的事,这是坚持做某事的关键。

公司或团队持续获得成果也是同样的道理。我在前文中提到,我们公司每天早上九点开始打扫卫生。现在不用任何人提醒,一到九点,大家都会去拿清洁工具开始打扫卫生,但在最初的时候,我们需要指定值班人员说"九点了哦"来督促大家行动。我们这样坚持了十七年。十七年过去了,现在大家都已经自然地养成了这个习惯。

电话要在铃响三声之内接听,见到客人要站起来打招呼……这些看似理所当然的事,在公司内部彻底执行却非常困难,必须有人一直督促大家,这些事才能坚持做下去。

公司的员工是流动的,即使好不容易养成了好习惯,只要决定严格执行这件事的人松懈了,觉得"差不多就行了",那么这个好习惯很快就会消失。毕竟,人都有趋易避难的倾向。

据说,某位日本政要小时候有这么一件事:他的母亲每天早晨很早就叫醒他和他的兄弟姐妹,让他们先学习一会儿,再去上学。小学,中学,每天早上都是这样。渐渐地,母亲也感到疲倦了,于是有一天,后来成为政要的儿子说:"妈妈辛苦了。从明天开始,我自己起床学习。"

要养成好习惯,执行的一方很辛苦,督促的一方更辛苦。而被严格的管理者或父母培养出来的人,从某种意义上讲,是幸运的。

④ 有信念和志向

在刚才的故事中,那位母亲之所以能够数年如一日地叫孩子们起床并督促他们学习,是因为她有"信念"。我们想要实现某个目标,最终依靠的还是"信念"和"志向"。

以我为例,我有时也会感到疲倦,在这样的时候,我会想"做这件事可能会让某人高兴吧"。或者,我回想起自己作为经营顾问的使命"我要帮助更多的本土企业迈向辉煌"。于是,我就会产生一种"再努力一点儿,再前进一步"的念头。

我认为,无论是写作、演讲还是学习,都是"信念"和"志向"在支撑我们坚持下去。正如古语所云:"夫志,气之帅也。"

⑤ 挑战新事物

在环境不断变化的过程中,过去成功的事以后可能不会再成功,这在商界乃至其他领域都是屡见不鲜的。观察环境的变化并不断挑战新事物是非常重要的。

因此,我认为设定"尝试做这样的事"这样的挑战目标是有益的。

然而,当提到这些事时,有些人可能会感到畏惧。其实,挑战可以从小事开始,比如去附近从未去过的地方看看,或者参加很久没有参加过的同学聚会,我们可以做一些自己稍微有点儿畏惧却想尝试的事。

尝试做的事不需要是什么大事,小事也可以让我们成长,让我们改变。

许多事仅仅停留在想法阶段是不够的,我们需要不断地尝试,哪怕是些微不足道的小事。

综上所述,我们成长的**关键在于持续改变和进步。**

但是,这里需要注意的是,"改变"不是目的,而是手段。

松下幸之助曾用"人们下雨时自然会撑伞"来比喻这一点。面对下雨这种环境变化,撑伞是应对措施;雨停了,伞收起来就行了。观察环境的变化并在此基础上不断改变是十分重要的。

接下来,我们来谈谈公司面临的挑战。

彼得·德鲁克[①]在他的理论中,主要列举了三件"企业应该做的事情":

第一,提高当前业务的业绩。

第二,寻求机会。

第三,拓展新业务。

这三件事是企业必须要做的事。换句话说,这其实是对企业面临挑战的一种表述。而彼得·德鲁克之所以特意按这个顺序提出这三件事,是有其理由的。一提到"挑战",人们可能会觉得必须要做一些全新的事,但其实首先应该考虑的是深挖当前业务的潜力。

也就是说,公司应该在现有业务中扩大市场,增加市场份额,拓展市场,以此来提升业绩。进一步说,即使销售额不变,公司可以通过降低成本或提高生产效率等手段,提升利润率。总之,就是针对现有的

---

① 彼得·德鲁克(Peter F. Drucker, 1909—2005),生于维也纳,经济学家,现代管理学之父。

客户和产品群，或者基于现有产品群延伸出的产品群，进行深入挖掘。也就是说，"**彻底做好**"是完成挑战的第一步，如果连这一步都做不到，那么接下来的两件事也很难顺利进行。因此，首先要做的是这一步。

这个道理也同样适用于人生。那些在工作上敷衍了事的人，换了工作环境，会突然变得像超人一样努力工作吗？这在电视剧里或许是有可能的，但在现实中是不太可能的。毕竟，**我们的首要任务还是认真对待眼前的工作并照顾好家庭，按照规律去做事，这才是正道。**

让我们回到德鲁克的经营话题上来。第二个原则是"寻求机会"，这意味着我们可以通过增加一些设备和投资、改变产品群或销售区域等方式，在原先业务的基础上，尝试挑战新事物。

第三个原则是"拓展新业务"。这意味着我们要挑战新事物。

我想，德鲁克是想说"一切皆为挑战"，只是，我们首先应该挑战的是"深入挖掘现有业务"。做好这一点之后，再去寻求其他机会，拓展新业务。换句话说,按照这个顺序,从易到难,逐步前进。因为拓展新业务非常困难。在我看来,商业本质上是"在市场上与其他公司竞争",如果没有市场,就无法取胜。有市场,就会有竞争。如果公司不能展现出相对于其他公司的优势,同样无法取胜。拓展新业务时,我们通常要瞄准市场需求正在扩大的领域。如果不能发挥优势,那么公司就很难在竞争中存活下来。因此,德鲁克给了我们一些启示,其中之一是"提高当前业务的业绩",也就是说,不应该固执于那些市场需求即将消失的地方。在一个市场需求极小的领域深耕,无论多么努力,也无法获胜。因此,我们要思考,根据行业的不同,深入挖掘原本就没有增长空间的市场是否值得。

然而,仅有市场并不意味着一定能取胜。例如,2000年4月,日本的护理保险制度实施后,许多企业涌入护理市场。但是十二年后的今天,存活下来的大多数公司是那些原本就从事护理行业的公司。

虽然有些公司原本就从事护理行业,但因它们被其他公司收购而最终倒闭。在家庭护理领域,服务人员上门服务只能赚取大约一百日元的利润,对成本高昂的大企业来说,这本来就是不可行的。

如果不能充分发挥自身的优势,即使有再大的市场需求,公司也很难维持下去。

因此,公司应该在自身擅长的领域,有市场需求的地方,持续进行挑战。

接下来,我将介绍德鲁克提出的"定义自己事业时所需的三个要素"。

其中,第一个是"市场",第二个是自己的"优势",第三个是"事业的目的",换句话说,就是志向和信念。德鲁克指出,这三个要素重叠起来就是事业的定义。而且,这个定义必须从"目的"开始。毕竟,没有志向的事业,仅凭"能赚钱"这一理由,是无法持续下去的。**商业始于志向和信念,最终又会回归到志向和信念上。**

⑥ 做志愿者或进行小额捐款

如果我们获得了一定的成果,就应该怀着回馈社会的心态去做事。比如做志愿者,或者进行小额捐款。我们这样做,不仅能赢得他人的尊敬,还能让自己持续获得成果。

然而,在这里,志向同样重要,我们不能有过于狭隘的想法,比如"如果做这样的事能提高知名度就好了"。自古以来,人们就不以常说"我个人如何"之类的话为美德。

在美国,有些企业规定将一部分的利润用于捐款,而且这些捐款都是匿名进行的,那里甚至有专门负责此事的部门。当然,这也可能被视为一种宣传美国的手段,但那些单纯地坚持匿名捐款的人确实令人钦佩。

另一方面,我认为,经常出现在电视上的名人或商业领袖,应该成为社会的楷模。我希望他们能够参与慈善活动,从小事做起,为其他人做榜样。这是他们应该做的。

换句话说,如果一个人的目标是成为领导者,即使他现在还不是领导者,我认为他应该从现在开始就做出符合领导者身份的行为,而不是等到成为领导者之后,再做出这样的行为,比如,做志愿者,进行小额捐款,表扬团队成员等。

通过这个过程,你会逐渐发现自己已经具备了真正的领导力。随着时间的推移,结果自然会有所不同。我想再次强调,**有些事不去做就不会明白,有些事只有做过才能真正了解,还有些事需要亲身经历才能体会**。世界上有许多事仅凭思考是无法完全理解的,也许,大部分事都是如此。

在这样做的过程中,你会不知不觉地发现自己渐渐具备了领导者的执行力。这样一来,结果就会在不知不觉中发生变化。我再强调一遍,有些事如果不尝试是不会明白的,只有做过才会真正理解,这就是所谓的体验。这个世界上的许多事,仅靠头脑理解是远远不够的。

总结　养成保持成果的六个习惯

① 持续努力,提升实力。

② 写日记。

③ 每天在固定的时间做固定的事。

④ 有信念和志向。

⑤ 挑战新事物。

⑥ 做志愿者或进行小额捐款。

4. 为幸福生活而采取的行动

"为幸福生活而采取的行动",看到这个标题,许多人可能会感到意外。毕竟,这是一本探讨执行力的书,为何会涉及这样的内容呢?实际上,我是特意将它放在全书最后的。

我曾有幸接受我已故的人生导师藤本幸邦先生的指导,他的话对我影响深远。这一点在我其他作品中也有所提及,或许常读我作品的读者会觉得有些耳熟,请允许我再次分享,因为它是我人生的转折点。

一次,他问我:"小宫,你知道经济存在的意义是什么吗?"

因为我当时并不清楚其意义,所以我诚实地说:"不知道。"

他微笑着解释:"经济,本质上是使人类幸福的一种手段。"

政治和经济都是手段,因此,如果掌握了执行力,并获得了成果,却不能获得幸福,那么一切都毫无意义。

我们既要让自己幸福,也要让与我们有关的人幸福,否则一切都没有意义。

出于这个目的,我将这一话题放在了全书的末尾。因为这是关于执行力的书,所以除了提高行动力和执行力之外,我还会具体介绍一些能让你幸福的方法。

接下来,我会对此进行说明,读完下文中的内容,你可能会想:"原来如此简单。"但是,和其他事一样,能否真正做到这些简单的事,才是决定人生是否幸福的关键。希望我的建议能对你有所帮助。

① 出去旅行

"旅行"是过上幸福人生的第一个方法。

学生和已经退休的人或许有充足的时间旅行,但忙于事业的职场人士,假期往往只想睡觉。但是,请试着挑战一下自己：去一个与平时生活的城市不一样的地方看看，去看看工作日看不到的世界。请不要犹豫，大胆尝试一下！最好是和家人或喜欢的人一起去。

现在，通过网络，我们可以看到世界各地的影像。过去需要亲自前往才能看到的当地人的生活和一些小众信息，现在普通人也能大量上传到网上，供我们了解。如果你的外语不错，那么你还可以通过社交网站与世界各地的人建立联系。

但正因为如此，亲自去感受当地的气息，品尝当地的食物，和当地人交谈，在当地消费，才是更有价值的体验。现在有便宜的机票，可以在网上预订酒店。请不要犹豫，行动起来吧！迈着轻快的脚步，一身轻松地出门旅行吧！

我们在旅途中难免会遇到各种各样的事，比如航班不准时，卷入麻烦事中等，但这些又何尝不是体验呢？经历是最好的老师。当然，请注意健康和安全！

② 注意饮食

幸福的人生离不开健康,为了保持健康,我们需要做很多事,在这里,我特别提到了"饮食"。我们的身体需要食物,进入我们口中的东西主要是水、空气和食物,因此,我们当然希望食用好的食物而非贵的食物来保证我们的身体健康。

大约十二年前,我为了学习中医的饮食知识,曾经去过一个类似道场的地方上了一个星期左右的课,为此做了许多努力。在那里,我还体验了轻断食。

日本汉方医学理论认为,食物可以按酸性、碱性的轴和阴、阳的轴分为四个象限。最重要的是保持阴阳平衡,而且我们应该多摄取碱性食物。因为吃酸性食物过多,可能会导致体内环境偏酸,而体内环境偏酸可能加速衰老。

容易使体内环境变成酸性的食物包括酒、白砂糖、大米和肉类等。使体内环境变成碱性的食物代表则是蔬菜。

但完全不吃大米和肉也是不行的,因此我们需要将它们和蔬菜搭配起来吃。我们吃肉和鱼的时候要把配菜一起吃掉,以此来保持阴阳平衡。

一般来说,阴性食物通常指让身体感到寒冷的食物,阳性食物则指让身体感到温暖的食物。

我不提倡大家选择极端的饮食方式,我认为,大家应该选择"适合自己的食物",即与你所在的地区气候相适应的食物。

然而在当代社会,我们能轻易获得各种食物,因此,我们很难弄清什么是时令食物。

不过,冬天还是不要吃西瓜比较好,因为西瓜本来就是使身体变凉的阴性食物。

以我个人为例,在学习了中医知识后,我对自己所吃的食物有了更深刻的认识。但我不认为只有这一种观点是正确的。在饮食方面,西方的观点也有值得借鉴之处。

总体来说,我们应该关注自己的身体和摄入的食物。通过细心观察和学习,我们会逐渐明白,某个时间应该吃什么,不应该吃什么。

③ 保证睡眠充足

和食物一样,睡眠是维持健康的重要因素。睡眠不足特别伤身体,也不利于保持容颜年轻。

要是我们的身心都觉得很疲惫,那就谈不上提高执行力了。

无论如何,我们都应该晚上尽量早点儿睡觉,好好休息,保持身体健康。正如我之前所说,与其在健康状况不佳的情况下缓慢前行,不如调整好状态,快速前进,这样一来,我们才能更早地到达目的地。

④ 储蓄

当你开始获得一些成果,并得到别人的认可时,你的收入也会随之增加。因此,为了未来,储蓄是很有必要的。即使你没有多余的钱,也要从一点点钱开始储蓄。有了储蓄,当突然想去旅行或想给别人送礼物、捐款时,你就不会因为钱的问题而焦虑了。储蓄有利于提升我们的执行力。

这同样适用于公司。公司与个人不同,公司的利润大多会用于再投资,以扩大公司规模。正因为如此,在面对挑战或进行投资时,我认为应该将部分利润作为内部留存储备。这就是松下幸之助所说的"水库经营"。当然,这是为了避免在紧急情况下公司资金周转不灵。要知道,许多公司倒闭不是因为没有利润,而是因为资金周转不灵。

无论如何,只有拥有一定程度的富余资金,我们才能行动起来,持续进行投资。从这个意义上讲,目前日本人的储蓄率持续下降令人担忧。日本人的月储蓄率已经跌破了百分之三。虽然储蓄率下降的部分原因是支撑储蓄率的老年人开始动用储蓄,但另一方面,由于经济不景气和通货紧缩导致企业员工的工资不涨,再加上社会保险费用增加,年轻人也很难存下钱。

如果一个国家的税费和社会保险费用很高,像丹麦那样,各种保障措施齐全,个人可能就不需要储蓄了。但在日本,这样的保障体系并不完善。为了维持幸福的生活,我们还是需要有一定的储蓄,自己构建一个物质保障体系。

⑤ 适当投资

在这个时候,我认为仅仅储蓄是不够的,有勇气的人应该适当尝试购买一些债券、基金等金融产品进行投资,但这需要承担一定的风险。

尤其是现在,大家都对日本的未来感到不安。政府不仅有财政赤字,还有贸易赤字,日本几乎陷入了类似于美国前不久的"双赤字"状态。

我个人建议,稍微有点儿闲钱的人可以尝试投资外币资产,总之,我认为持有日元以外的货币可能更有利。

我自己也是这么做的,不过我也不好意思吹牛,因为我有许多投资都失败了。

但是,通过进行适当的储蓄以外的投资,我们可以积极地面对未来的风险,并且能够亲身体验和了解风险的本质。

总结　为幸福生活而采取的五个行动

① 出去旅行。

② 注意饮食。

③ 保证睡眠充足。

④ 储蓄。

⑤ 适当投资。

5. 为了"迈出一步"

① 风险制造者和风险规避者

到目前为止,我们已经讨论了行动力、执行力以及如何养成持续取得成果的习惯。

我不禁想,行动有这么多好处,至少不会有什么损失,为什么还有人不愿意"迈出一步"呢?

你制作前文中提到的清单了吗?那是行动的第一步。

我在前面也写过类似的话:许多事不行动就不会有结果,不体验就不会明白。光用脑子想是想不通的,光靠别人教也是无法领会的。这种"体感"只能从自己的行动和经验中获得。

尽管如此,为什么有些人还是无法"迈出一步"呢?对行动派来说,这可能令人费解,但对保守的人来说,"迈出一步"无疑是一种"风险"。人类本质上是害怕变化的。无论现状多么糟糕,不采取任何行动,至少不会变得更糟,然而实际上,这通常不是事实。如果情况已经不好了,人们宁愿处于熟悉的糟糕的状态,也不愿意处于陌生的未知的状态,因为人们觉得这样更安全。

"每个人承担风险的方式都不一样",这一点是我过去在美国的商学院学到的。

"风险制造者"(risk taker)和"风险规避者"(risk averter)这里的"averter"指的是规避者。风险规避者固然不少,但从某种角度来说,过度规避风险反而可能成为最大的风险。

必须注意的是,**"什么都不做"可能才是最大的风险**。

反过来说,**规避风险的最优方法是承担一定程度的风险**。

然而,要一下子做到这一点并不容易,实际上,我们可能无法承受某些风险。因此,我在本书中推荐的做法是从承担小的风险开始尝试。

也就是养成"迈出一步""每天都有小行动"的

习惯。

通过持续承担小的风险，我们就能避免更大的风险。

我们可以从几乎没有风险的小事开始尝试。

在犹豫是否选择不熟悉的道路行走时，在犹豫是否主动与陌生人交流时，在犹豫是否向街头的募捐箱捐款时，我们都让自己下意识地采取行动。

这样的实践可以培养我们的执行力，它不仅能锻炼我们敢于承担风险的心理力量，还能从中获取宝贵的实践经验。随着时间的推移，这将给我们带来新的邂逅和机遇，当机会来临时，我们便能顺利进入一个良性循环。

在本书的第二章中，我详细介绍了在日常生活中实施这些策略的具体方法。

② 积累小小的成功体验

刚才我们谈到了逐步"承担小风险"，反过来说，这也是"不断积累小的成功体验"。通过冒险，我们可以获得相应的回报。

世界上有很多值得做的事，阻碍我们去做这些事的一个因素，可能就是缺乏这些微小的成功体验。我之所以极力推荐大家去做诸如"早晨打扫卫生"这类看似与培养执行力无关的事，是因为持续做这些事能够积累微小的成功体验。实际上，那些坚持这样做的企业（主要是中小企业）的经营者，最终确实取得了成功。

成功体验并不仅仅指考试及格、销售业绩名列前茅或获得公司大奖之类的大事，也包括在别人遇到困难时主动提供帮助，这会让对方感到高兴，也会让我们自己心情愉快；在公司大楼的电梯里看到垃圾，虽然没有人要求你捡起来，但如果将它捡起来扔掉，那么你会感到心情舒畅。这些都是成功体验的一部分。

即使是这样的小事，也能强化你的内心，下次再遇到类似的情况时，你就会想"再试试看"。这样有助于形成我们主动向外界寻求价值并从中得到某种反馈的习惯。

心理学中有一个概念叫"舒适区"。进入这个自己习惯的心理区域，人就会感到舒适。随着各种体验（包括失败）的积累，人们对各种事物的耐受性会提高，行动范围会变大，舒适区也会随之扩大。因此，舒适区范围较大的人不会轻易被小事所影响。

相反，如果一个人总是不采取行动，那么他的舒适区就会变得狭窄，那么这个人就会更想回避那些可能让自己离开舒适区的事物，导致舒适区进一步缩小……这是一个恶性循环。为了打破这个循环并让事情向好的方向发展，我们首先需要：**无论如何都要对外界产生一点儿积极影响**。这样做会带来某些变化，可能是得到别人的一个微笑，一次点头，或者是其他的小小的善意行为。

对孩子和年轻人来说，刚开始尝试这么做的时候，可能需要父母、老师或领导等周围的人给予一些帮助。

③ 要让世界朝着更好的方向发展

"迈出一步"的勇气，来自对这个世界，对他人的信任。在这方面，那些在成长过程中被教导要百分之百信任父母的人是有优势的，因为他们较少感到不安。他们内心深处积极地认为,无论如何都会有办法,自己总能做到一些事,他们相信社会,并且相信未来是美好的。但是,不幸的是,那些目前还做不到这一点的人,也应该从现在开始充分地学会相信别人,相信社会,相信自己。而帮助他们做到这一点,也是我的职责。

在这一点上,松下幸之助展现了他的远见卓识。他坚信世界是不断进步的。例如,我们年轻时没有手机,但现在有了。从黑白电视到彩色电视再到液晶电视,电视技术不断进步。世界正是这样发展的。

听到这样的话,年轻人会发表他们的意见。他们会说,这是日本经济高速增长时期的事,松下幸之助正是那个时代的人。他们有这种反对意见其实是因为他们认知不足。看看黑格尔的辩证法就明白了,德国的观念论哲学也提到,世界是通过正、反、合的顺序来发展进步的。安冈正笃[1]认为,世界基于见识和认知而"生成化育"。有识之士都认为世界正在向好的方向发展,这是自然规律决定的。

总之,这个世界拥有光明的未来。我认为,持有

---

[1] 安冈正笃(1898—1983),日本著名汉学家、思想家、管理教育家。

这样的信念并为社会发展贡献力量,是遵循最大"基本原则"的生活方式。因此,我们需要从对周围人和对社会有益的小行动开始,逐步培养自己的行动力和执行力。只要我们掌握了正确的风险承担方法并勇敢地"迈出一步",那么我们就离成功很近了。我相信大家都能理解我的意思。

④ 积"德"

在前言中,我引用了中国儒家经典《大学》中的一句话:"大学之道,在明明德。"那么最高层次的"德"是什么?我认为,那就是**"为社会作贡献"**。

其实我们不需要做多么了不起的事。例如,在超市工作的人,他们卖东西,让顾客愉快地购买这些东西,这就是一种"德"。收银员在工作时,不仅是简单地收银,还能微笑一下,这会让顾客感到温暖。这也是"德"。如果大家都像这样积"德"的话,世界自然会变得更好。

但是,那些没有积累这种"德"的人,换句话说,只考虑自己的利益,所做的事对他人造成不良影响的人，不仅没有积"德"，反而在消耗它。从长远来看，这样的人生活会不太顺利。这不就是人世间的真理吗？

但是，总体来说，整个世界还是在朝着更好的方向前进的。有经济学报告指出，即使放任不管，人类的生产效率每年也会提高百分之二，但人类不会满足于现状，总是想要变得更好。想要"变得更好"，在我看来，就是积"德"，即对社会作贡献。积"德"的人、积"德"的公司，以后也会越来越好。

朝着这个方向行动的人，是顺应自然规律的，因此他们做事会顺利，而只考虑自己利益的人，是违背自然规律的人，因此他们做事会不顺利。道理就是这么简单。

因此，我们在做事的时候，要抱着"为社会作贡献"的心态去做事，而不能为了私利和欲望去做事。

如果你听到"为社会作贡献"这样的话觉得压力大的话，那么不妨将它换成"做好自己的工作"。这样，你在工作时的幸福感会比以往更强，而且你也会获得更好的成果，你的生活也会变得更富裕。

后 记

太多"评论家"式的社长或许会毁掉公司,太多"评论家"式的国民或许会摧毁国家。

虽然社会整体上是在向好的方向发展,但正如我在本书开头所写,过去二十年间,日本的名义GDP确实没有增长,这也是事实。

我知道有人会反驳,但如果非要指出其中一个原因的话,那就是当下持有错误想法的人成了日本社会主流。这样下去的话,我担心不仅日本经济会出问题,日本人自身也会变得不正常。我常说"太多'评论家'式的社长或许会毁掉公司",但别说是"评论家"式的社长了,就连许多"评论家"式的下属也往往抱着事不关己的态度,只会评论别人。

嘴上说得好,不如动手去做。道理说得好,不如将其付诸实践,拿出结果。如果每个人都能停止做"评论家",开始采取能够获得成果的行动,换句话说,就是每个人都能设定目标、采取行动并获得成果,那么不仅公司会变得更好,整个社会也会变得更好。我们仍然有很大的潜力。我相信我们可以朝着更好的方向发展。因此,我希望你通过阅读本书的内容,从自己做起,培养执行力,最终获得社会认可的成果,让你自己、你的家人、你的公司、你的客户和社会上的人都能变得更加幸福。

话说回来,只说不做的行为,可以说是为了避免面对行动带来的"结果"。可能是因为害怕看成绩单,或者说是害怕失败,总之就是不想对结果负责。看似最没有"风险"的做法就是不采取行动,只要不做,就不会失败。

然而,这种行为本质上反映了个人的不自信和对世界信任的缺失。面对未来,大多数人难免心生忧虑。我个人对此并不过分担忧,坚信世界总体向好。即使遭遇逆境,我也相信,我们可以通过积极的努力改善局面,并视之为自己的责任。

如果我们只关注黑暗面,那么本来能顺利进行的事也会受到影响。成功的关键有时取决于我们能否看到事情光明的一面。

成功的人,大多是能看到光明的一面的人,这是事实。因为如果不是这样的话,那么他们根本不会采取行动。

这归根结底是一个"信念"的问题。我希望,读完这本书,读者会相信"世界本来就是朝着好的方向发展的",并且从今天开始努力,让公司变得更好,让自己的生活变得更好,让世界变得更好,"迈出一步"。在这本书的读者中,哪怕只有一个人能过上更幸福的生活,对作者来说,也是意想不到的喜悦。

执行力很重要,它是成功的关键。

小宫一庆
2012年秋末